天津大学校园建设图录

Atlas of Campus Construction of Tianjin University

宋昆　主编

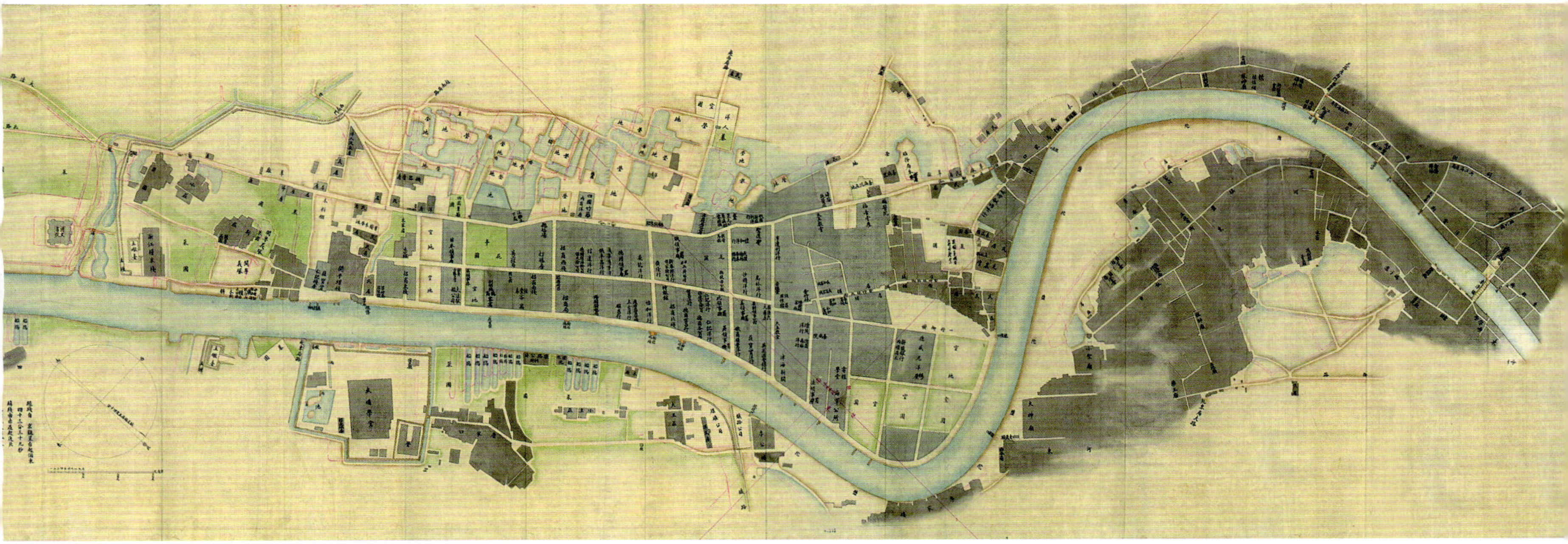

天津大学出版社
TIANJIN UNIVERSITY PRESS

图书在版编目（CIP）数据

天津大学校园建设图录 / 宋昆主编. -- 天津 : 天津大学出版社, 2022.10
ISBN 978-7-5618-7326-7

Ⅰ. ①天… Ⅱ. ①宋… Ⅲ. ①天津大学—教育建筑—图集 Ⅳ. ①TU244.3-64

中国版本图书馆 CIP 数据核字（2022）第 185661 号

TIANJIN DAXUE XIAOYUAN JIANSHE TULU

策划编辑 徐 阳
责任编辑 徐 阳
装帧设计 谷英卉
封面绘图 唐兰慧

出版发行 天津大学出版社
地 址 天津市卫津路 92 号天津大学内（邮编：300072）
电 话 022-27403647
网 址 www.tjupress.com.cn
印 刷 北京华联印刷有限公司
经 销 全国各地新华书店
开 本 787mm × 1092mm 1/12
印 张 19 2/3
字 数 387 千
版 次 2022 年 10 月第 1 版
印 次 2022 年 10 月第 1 次
定 价 200.00 元

审图号 国审字（2022）年第 02751 号

本书编委会

主　　编：宋　昆　张世轶

顾　　问：王　杰

编　　辑：孙艳晨　肖　亮　李　响　王宇歌
杜天宁　韩　轩　孔德博　王春玲

摄　　影：宋　昆　王建泽　陈　天　韩　轩
李　哲　崔昊夫　韩宝志　孙艳晨

绘　　图：孙艳晨　肖　亮　李　响　韩　轩
孔德博　王宇歌　全德生　李　康

资料提供：王　杰　韩宝志　王建泽　李济良
全德生　顾志红

目 录
Contents

绪论　近代中国高等教育的诞生

第一节　洋务学堂的兴起

我国传统教育中的高等教育以从太学到书院的官方或半官方的书院形式为主，以教授经史子集适应科举考试为目的。1840年第一次鸦片战争以后，国内的一些有识之士如龚自珍、魏源等人，强烈要求对内革除弊端，改变落后状况；对外积极了解西方世界，学习西方的科学技术。此外，改革旧的教育制度、培养“经世致用”人才的呼声也逐渐高涨。但因社会动荡因素的影响，直至1860年第二次鸦片战争之后，实质性的新学教育才真正在洋务运动中开启。

为了适应社会对新式人才的需要，从1862年京师同文馆设立到1894年中日甲午战争爆发的三十余年间，洋务派共创办了三十多所新式学堂，培养出一批了解西方文化、懂得西方科学技术的新型人才。这些学校按性质大致可分为西文学堂、西艺学堂和军事学堂三类。但是受师资力量、办学思想等方面的限制，这些新式学堂很多采用短期培训的方式，培养的多数是技术工人和初级技术人才，无法培养高级专门人才。

鸦片战争使国门被迫打开以后，清政府需常与外国列强进行交涉，办理各国事务，急需通晓外语的人才，西文学堂就是在这种背景下产生的。1862年8月，清政府批准成立京师同文馆，开始只设英文馆，后来增设法文、俄文、德文、日文馆。1869年美国人丁韪良[①]被任命为总教习（教务长），总管校务。丁韪良对课程进行了改革，引进了大量现代科学和人文课程，京师同文馆逐渐从单纯的西文教育转向全面的西学教育。1902年，京师同文馆并入京师大学堂。

西艺学堂的设立最初是为了满足洋务运动所办实业对人才的需求，附设于实业中，分为机器、电报、矿务、铁路学堂等几类。1866年创办的福州船政学堂是福州船政局下设的学堂，又称求是堂艺局，是最早创立的西艺学堂。1876年，直隶总督兼北洋大臣李鸿章在天津机器局东局创建了天津水雷学堂。1876年由福建巡抚丁日昌在福州开设的福州电报学堂是我国最早的电报学堂。1880年，李鸿章创办了北洋电报学堂。第一所铁路学堂是1896年由津榆铁路总局创办的山海关北洋铁路官学堂。第一所医学堂是由李鸿章于1893年创建的天津储药施医总医院附属的西医学堂，又称北洋医学堂，专司培育军医人才。

军事学堂分为水师学堂、陆师（武备）学堂两类。最早的水师学堂可以追溯到福州船政学堂所设的管轮学堂和练船学堂。1881年，李鸿章创办了北洋水师学堂。最早的陆师学堂为1885年由李鸿章创办的北洋武备学堂。1896年，袁世凯在天津创办了直隶武备学堂（表0-1、图0-1）。

上述三类洋务学堂大都是洋务运动中所创建的新式洋务实体，是为培养国家所需的专门型技术人才而兴办的附属

①丁韪良（William Alexander Parsons Martin，1827—1916），美国传教士，著名教育家，1850年来中国宁波传教，1863年移居北京，1869—1894年任京师同文馆总教习，1898—1900年任京师大学堂首任总教习，曾翻译《万国公法》一书。

设施。后以培养综合型技术人才为目标的西学学堂也应运而生，但因人才培养的指向性不是很强，故而创建的时间晚、数量少、规模小。

1874年由徐寿①与英国人傅兰雅②发起建设上海格致书院，1876年落成。延聘外国人教习外语、化学、矿学、机器之学，延请中西名人学士讲演格致学理[1][2]744。傅兰雅在《格致书院会讲西学章程》中将所设课程分为六类，“一矿务，二电务，三测绘，四工程，五汽机，六制造。各学有全课，有专课，学者可任取某学，逐次讲习”[2]747。它是近代新式的、综合性的普通教育和专科教育的开端。广东博学馆和浙江求是书院都属于综合性的西学学堂。

1885年，津海关税务司德璀琳曾向直隶总督兼北洋

表0-1　洋务运动期间创办的洋务学堂

创办时间	校名	创办人	地点	性质
1862 年	京师同文馆	奕䜣	北京	西文学堂
1863 年	上海广方言馆	李鸿章	上海	西文学堂
1864 年	广州同文馆	李鸿章	广州	西文学堂
1866 年	福州船政学堂前学堂	左宗棠、沈葆桢	福州马尾	机器学堂
1866 年	福州船政学堂后学堂	左宗棠、沈葆桢	福州马尾	水师学堂
1874 年	江南制造局附设操炮学堂	李鸿章	上海	机器学堂
1874 年	上海格致书院	徐寿、傅兰雅	上海	西学学堂
1876 年	广州机器局附设西学馆	刘坤一	广州	机器学堂
1876 年	福州电报学堂	丁日昌	福州	电报学堂
1880 年	北洋电报学堂	李鸿章	天津	电报学堂
1881 年	北洋水师学堂	李鸿章	天津	水师学堂
1882 年	广东实学馆	张树声	广州	西学学堂
1882 年	上海电报学堂	上海电报局	上海	电报学堂
1883 年	金陵同文电学馆	左宗棠	南京	电报学堂
1885 年	北洋武备学堂	李鸿章	天津	陆师学堂
1887 年	广东水陆师学堂	张之洞	广州	军事学堂
1887 年	两广电报学堂	张之洞	广州	电报学堂
1887 年	新疆俄文馆	刘襄勤	乌鲁木齐	西文学堂
1888 年	台湾西学馆	刘铭传	台北	西文学堂
1889 年	珲春俄文书院	长顺	吉林珲春	西文学堂
1890 年	南洋水师学堂	张之洞	南京	水师学堂
1892 年	湖北矿务局附设采矿工程学堂	张之洞	武昌	矿务学堂
1893 年	湖北自强学堂	张之洞	武昌	西文学堂
1893 年	北洋医学堂	李鸿章	天津	西医学堂
1896 年	山海关北洋铁路官学堂	津榆铁路总局	山海关	铁路学堂
1896 年	南京矿务铁路学堂	刘坤一	南京	铁路学堂
1896 年	江西桑蚕学堂	蔡金台	江西高安	农艺学堂
1897 年	浙江求是书院	林启、廖寿丰	杭州	西学学堂
1897 年	杭州蚕学馆	林启	杭州	农艺学堂
1898 年	湖北农务学堂	张之洞	武昌	农艺学堂

①徐寿（1818—1884），字生元，号雪村，清末科学家、翻译家和教育家，曾参与研制我国第一台蒸汽机和第一艘轮船。

②傅兰雅（John Fryer，1839—1928），英国传教士、教育家、翻译家。1861年来华，先后在香港、北京、上海从事教育和翻译工作，是在华外国人中翻译西方书籍最多的人，1896年赴美国任教。

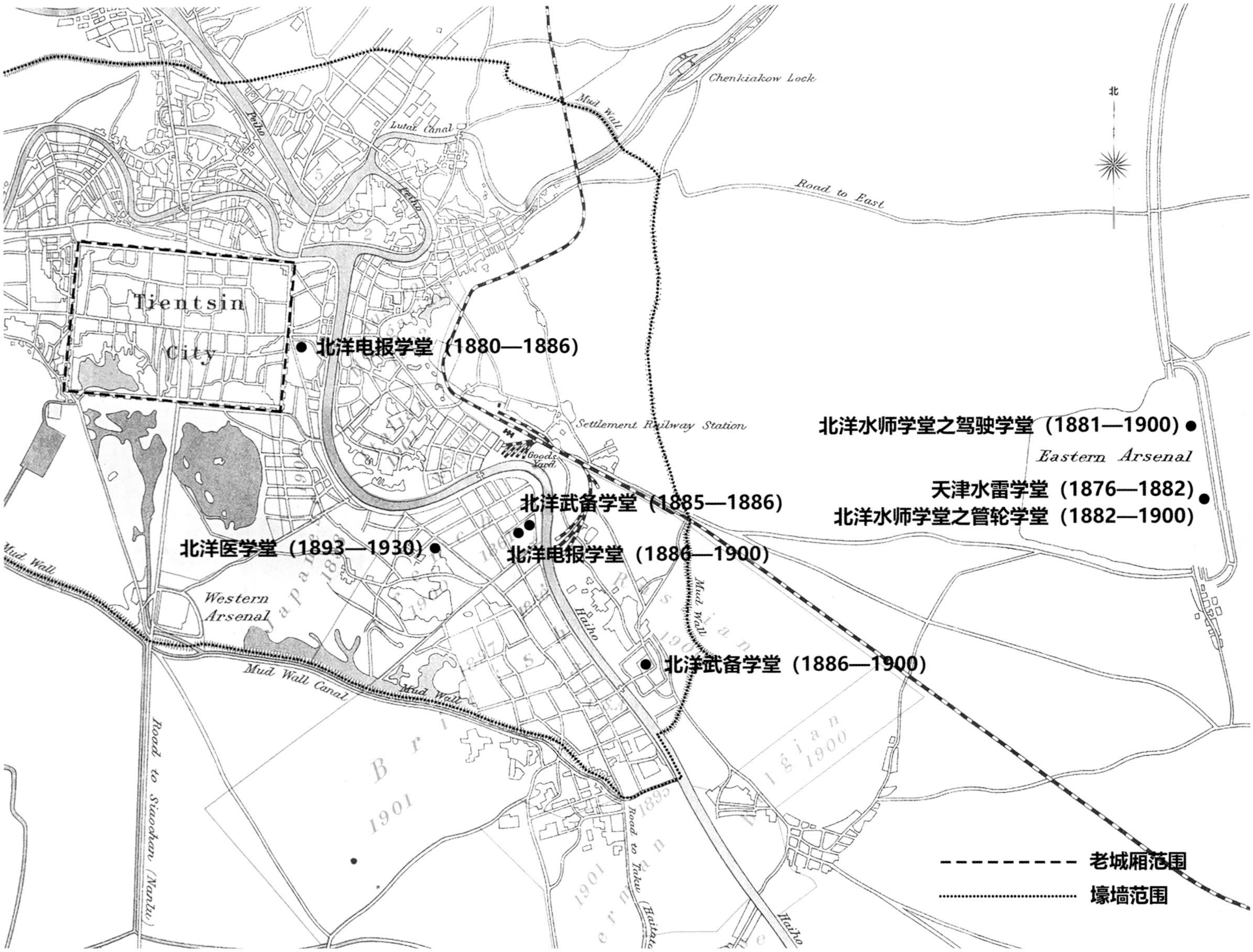

图0-1　洋务运动期间在天津创办的洋务学堂

大臣李鸿章建议：“在天津造大书院一座，俾入院肄业者专习中国有益之西学……举凡根柢之学，如天文、地理、西国文武、水陆军制、大小工程等均可成就，即以工程而论，内有治河、开矿、制营盘、筑驳台各事，实为当务之急。”[3]1886年春，津海关道周馥上书李鸿章：“禀请在津郡设立博文书院，招募学生，课以中西有用之学。”[4]后由继任津海关道刘汝翼与德璀琳商议建造，由德璀琳负责筹集建校款以及工程建设事宜。后因所募集的买地垫土造墙的经费不足，只得向银行借款。1886年9月30日，博文书院大楼开始动工建设，1889年2月底建成一幢二层的“回”字形大楼。后因历年水灾移缓就急，导致筹款维艰，而且李鸿章目睹留洋回国的学生无差可派，只得暂缓办学，并将建好的房屋抵押给德华银行。然而，高等工程教育不同于普通（中等）的技术教育或职业教育，一是培养目标不同，后者以培养中级技术人才（在工程人才系列中通常称之为技术员）为目标，而前者旨在培养高级专门技术人才（在工程人才系列中通常称之为工程师）[5]；二是教育层次有区别，高等工程教育必须要经过中等教育的环节。从这两个方面来衡量，之前创办的洋务学堂只相当于中等技术教育的程度，都没达到高等工程教育的水平，正如梁启超所感叹的：“今之明于机器，习于工程学，才任工师者，几何人矣？”[6]4 1895年成立的北洋大学堂正式开启了我国高等教育的先河。

第二节　高等教育的探索

光绪八年（1882年），曾出使过俄国的外交家王之春在《广学校篇》中提出大学校专业分为经学、法学、智学、医学四类科，“更有技艺院、格物院，均学习汽机电报织造采矿等事”。光绪十七年正月初三日（1891年2月11日），驻欧使节薛福成在《出使四国日记》中将学堂分为文、武、农、工、商五个学院。

中日甲午战争的失败，迫使清政府与日本政府于光绪二十一年三月二十三日（1895年4月17日）签署了丧权辱国的《马关条约》。战争的惨败使得“朝野皆愤，群思兴学救国”[7]。人们开始认识到，这些洋务学堂正如梁启超所言，“言艺之事多，言政与教之事少。其所谓艺者，又不过语言文字之浅，兵学之末，不务其大，不揣其本，即尽其道，所成已无几矣”[6]7。改革教育、培养各种实用人才成为当务之急。“求强”与“求富”结合起来的思想为当时社会之共识。从此，人才培养目标由为满足特定需求培养专门型人才转向为实现救国强国而在各个领域培养综合型人才。在此背景下，我国近代第一所大学——北洋大学堂诞生。北洋大学堂创办之初分为头等学堂和二等学堂，头等学堂为大学本科，二等学堂为预科，即分设律例（法律）、工程（土木）、矿冶（采矿冶金）和机械四个学科。1906年之后，学校又开办了师范班、外文班及铁路学堂，是一所综合性的、现代性质的大学。

参考文献

[1] 舒新城. 中国近代教育史资料（上册）[M]. 北京: 人民教育出版社，1981: 67.

[2] 高时良. 中国近代教育史资料汇编: 洋务运动时期教育[M]. 上海: 上海教育出版社，1992: 744，747.

[3] 天津市档案馆, 天津海关. 津海关秘档解译[M]. 北京: 中国海关出版社，2016: 213.

[4] 朱寿朋. 光绪朝东华录 [M]. 北京: 中华书局，1958: 3656.

[5] 史贵全. 中国近代高等工程教育研究[M]. 上海: 上海交通大学出版社，2004: 2-3.

[6] 汤志钧，陈祖恩. 中国近代教育史资料汇编: 戊戌时期教育[M]. 上海: 上海教育出版社，1993: 4.

[7] 李书田. 北洋大学之过去五十三年[M]//左森，胡如光. 回忆北洋大学，天津: 天津大学出版社，1989: 147-148.

图片来源

图0-1：宋昆，冯琳，胡子楠. 地图中的近代天津城市[M]. 天津：天津大学出版社，2018：24-25. 天津市测绘院提供

第一章　博文书院校区的校园与建筑（1895—1900）

第一节　校园空间

北洋大学（天津大学）自建校至今共经历过四个主体校区：博文书院校区、西沽校区、七里台校区和北洋园校区（图1-1）。

1895年9月19日，时任津海关道盛宣怀上书直隶总督兼北洋大臣王文韶，奏请设立北洋大学堂。盛宣怀认为，“日本维新以来，援照西法，广开学堂书院，不特陆军海军将弁，皆取材于学堂，即今之外部出使诸员，亦皆取材于律例科矣。制造枪炮开矿造路诸工，亦皆取材于机器工程科、地学、化学科矣。仅十余年，灿然大备”[1]。进而认为，“自强之道，以作育人才为本。求才之道，以设立学堂为先”[2]。盛宣怀与时任美国驻天津副领事丁家立反复商议，拟定了头等、二等学堂的章程，呈报给王文韶。9月30日，王文韶将奏折《津海关道盛宣怀创办西学学堂禀明立案由》上呈光绪皇帝。10月2日，光绪皇帝批准成立北洋大学堂，头等学堂当年即招生。1896年夏，二等学堂（预科）开始招生。

北洋大学堂能够及早开办，其中一个很重要的原因是借用了博文书院现成的校址和校舍。博文书院建于1886年（光绪十二年），地处天津城外护城壕墙的梁园门①外，海大道（今大沽路）以东，墙子河与海河的交汇处之西南（图1-2）。北洋大学堂建校之初的“所有头等学堂，应即照前北洋大臣李批准周前道原拟，以博文书院房屋为专堂”[1]。

1895年8月底，德璀琳致函当时留驻天津办理东征粮台的广西臬司胡燏棻，由粮台拨还书院的德华银行借款，将书院用地收回[3]。后经胡燏棻设法筹款，向银行赎回博文书院，置为公产。经盛宣怀奏准，津海关拨博文书院校舍为北洋大学堂办学校址。头等学堂“以博文书院房屋为专堂……二等学堂须觅地另行盖造。……房屋未成之先，借用头等学堂暂行栖止”[2]。

北洋大学堂的博文书院校园“核其基址一百一十余亩，所建西式楼房，南北长英尺二十一丈九尺二寸，东西二十二丈五尺二寸，地上垫高一尺五寸平屋高十七尺（二层）楼高十五尺”[4]②，四周是一道低矮的围墙，主校门在校园北侧，面向墙子河。出校门有东西向通往西面的海大道，还有一座木桥跨越墙子河抵达北侧的壕墙下。校园内，两栋两层高的西式建筑作为学校主要的教学楼，由四周环路各自形成内向的围合空间。北侧“回”字形体量较大的一栋楼是头等学堂教学楼，南侧“凹”字形体量稍小的是二等学堂教学楼。两栋学堂大楼均被一排杨树所环绕。另外校园内还有几栋平房散布其中，未建设用地空留较多，校园内相对空旷。

①第二次鸦片战争期间，清朝统兵大臣僧格林沁在距天津城五六里的地方修建了一条防御性的土围墙，俗称墙子。墙外的壕沟俗称墙子河。在这条城墙上共有14个营门。在南向邻近海河并被海大道穿过的营门为大营门，或称凝晖门，由于靠近梁家园，又习惯称之为梁园门。
②注：1亩≈666.67平方米，1丈≈3.3米，1尺≈0.3米，1寸≈0.03米。

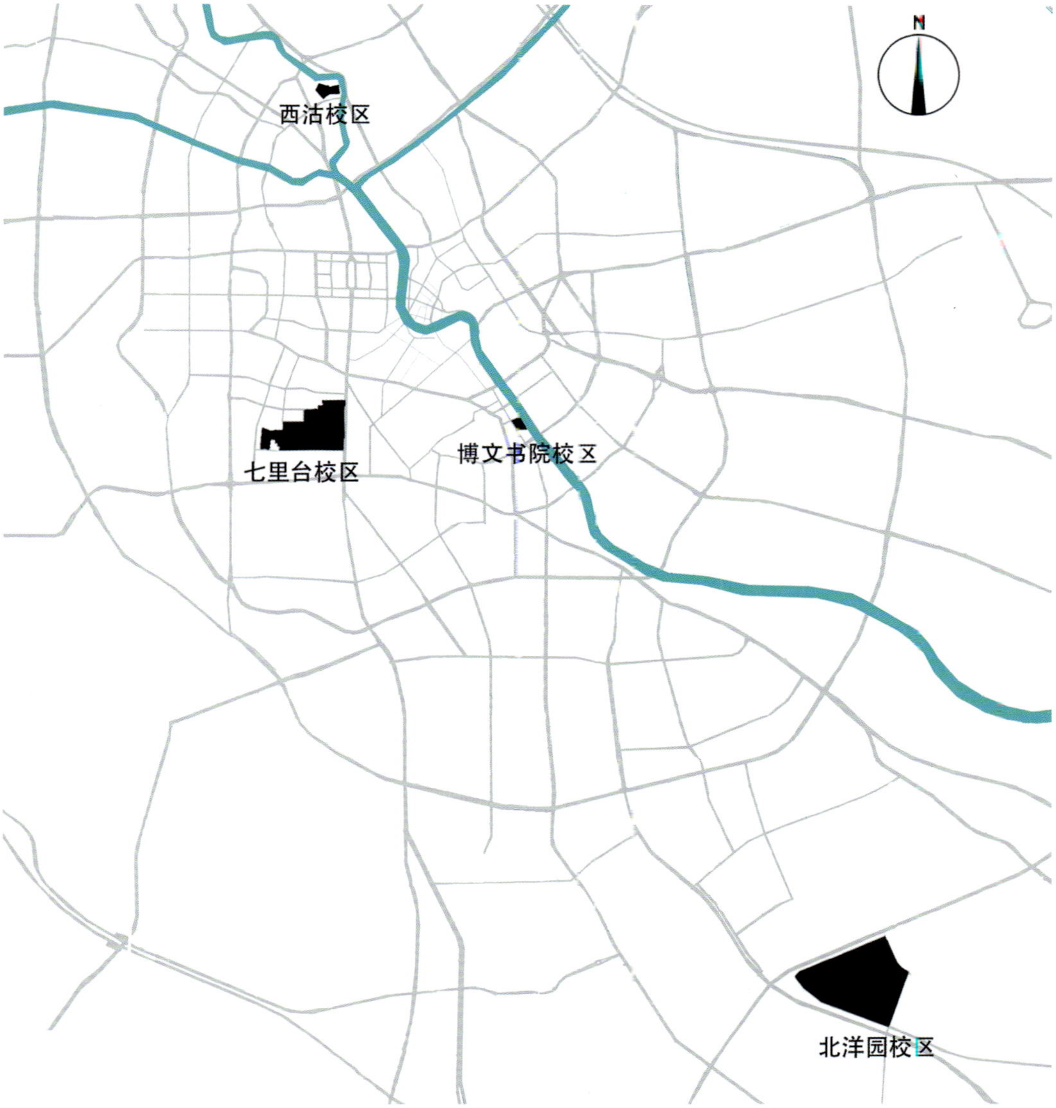

图1-1　北洋大学（天津大学）四个主体校区位置

李书田校长在1937年记述：清政府拨大营门外校址九十余亩（约6万平方米），东至今特一区海河路，南至今苏州路，西至今中山路，北至今墙子河路，内有两座教学楼，北为北洋大学头等学堂，即现在之大学本科，南为北洋大学二等学堂，即其后之大学预科[5]。

1895年，德国借口在中日甲午战争后“迫日还辽”有功，要挟清政府允许其在天津设立租界。10月30日德国与清政府签订了德国租界设立合同，在美国租界以南，海大道与海河之间划定了德国租界，界内土地所有权交德华银行处理。北洋大学堂被划到了租界范围之内，但校园产权仍归属津海关。合同中规定：“博文书院及博文书院所有之地，现在中国官改为大学堂，德国不移动此地，亦不得抽收官税等

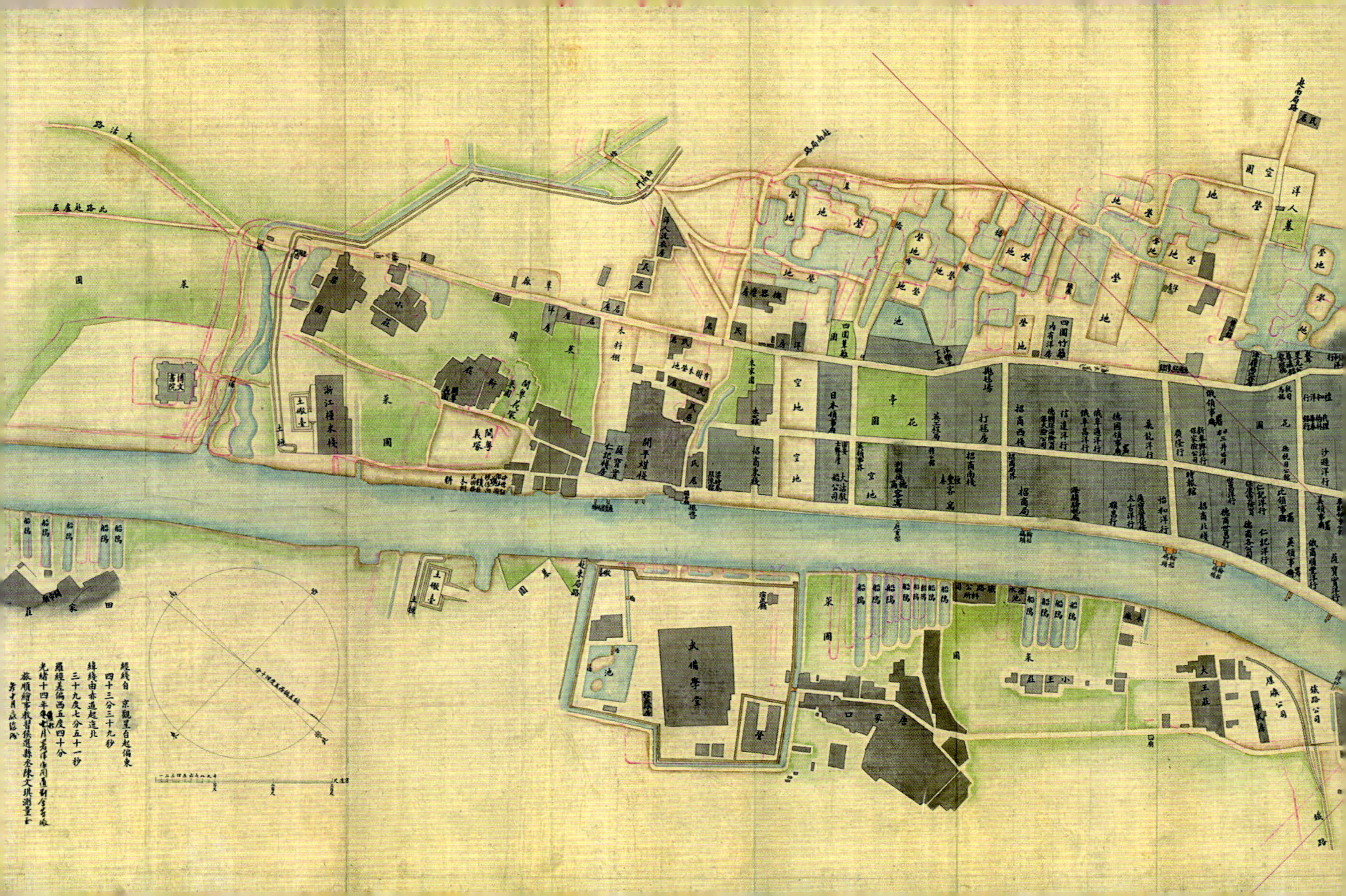
經綫自 京觀星台起偏東
四十三分三十九秒
緯綫由赤道起迤北
三十九度七分五十一秒
羅經差偏西五度四十分
光緒十四年七月署津海關道劉含芳敬
旅順繪事教習候選縣丞陳文琪測量
博文書院
武備學堂
日本領事署
招商局
花園
洋人墓
鐵路公司
大王莊

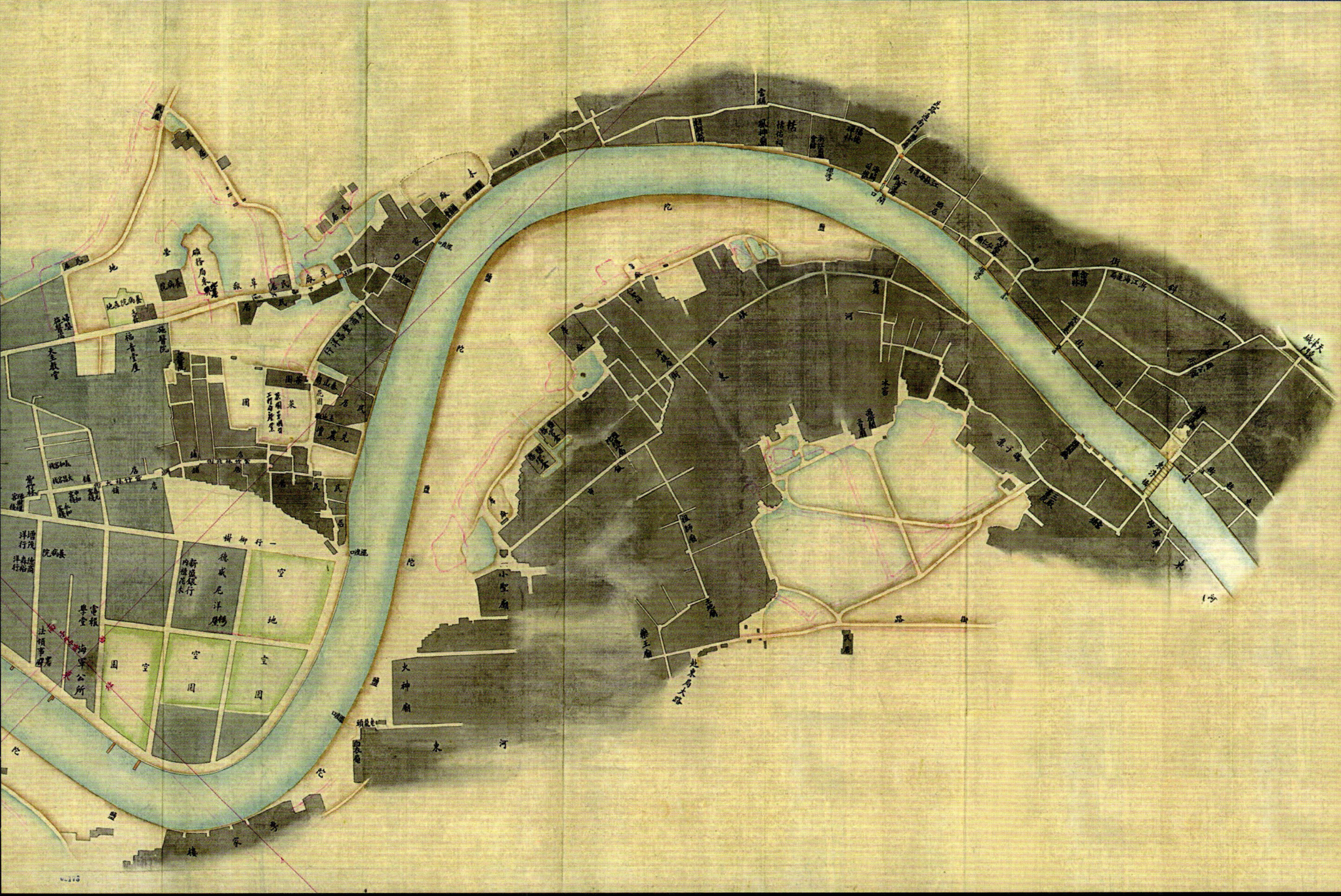

图1-2 “天津城至紫竹林图”中的博文书院位置（上西下东），1888年

项。惟日后德国修筑码头及码头外之道路，地不敷用，中国允将博文书院院墙略为向内移动，以敷所用。所让之地亦无庸德国给钱。惟此河边不准盖造栈房、棚厂，遮掩学堂之前面。”[6]德租界当局并未干预学堂的正常运行，因此北洋大学堂首届毕业生于光绪二十六年（1900年）正月获得毕业文凭。

1900年7月，八国联军攻入天津，北洋大学堂校址悉被德军强占，成为德军兵营，用作德兵养病之所，校内设施遭到破坏，学堂被迫停办。此后学堂无法复课，时任直隶总督兼北洋大臣的袁世凯几经交涉，未有结果[7]，这“是北洋大学有史以来所遭第一次大灾难”[8]。总教习丁家立多次赴德交涉，以德国租界设定合同中规定的地价、房价为依据，向德国政府索赔13万两白银。德国在1902年1月25日同意让步，表示将支付适当的赔偿金，稍后确定数额，将机器和设备由德军转交给学堂。最终，学堂只索回赔偿金5万两白银。至此，北洋大学堂校园划归德租界所有，后于1907年在原校址上建立了德华中学堂（图1-3）。1917年8月，在第一次世界大战期间，中国政府收回德租界，改为特别行政区一区，原北洋大学堂校园产权也收归国有，但并未归还给国立北洋大学。

1919年，国立北洋大学校长赵天麟向直隶省长呈文，要求发还博文书院旧址。原文为：“呈为敌侨归国校舍空间恳请查核发还敝校以便预科迁徙事：窃北洋大学自前清光绪二十一年建设于海大道梁园门外，庚子后被德人占据，改用西沽武库旧址草草成立，因国库省库频年不充不得缩小范围维持现状，近来班次人数逐渐加增，宿舍教室颇不敷用，民国六年呈请教育部提出国务会议议决由财政部拨款六万五千元作为临时追加经费添建实验室一座，宿舍一座，乃中央经济困难仅于七年一月拨发京钞二万元，致宿舍迄未建筑。今德租界早经收回，该校内所住敌侨亦经遣送归国，校舍空间自应早日发还俾校舍校址仍归原校。如蒙俯准，拟将北洋大学预科移归该处，西沽武库之教室宿舍专供本科应用，如此变通不必另行请款，已足略扩规模。虽德华学校改成大营门中学，现尚占用其地，然该校所占不过一小部分，至敝校收回时不难通融设法，俾两校均无妨碍事。关高级教育前途理合备文呈请，鉴核发还一遍敝校预科迁徙实为公便谨呈直隶省长”[9]（图1-4）。

时任直隶省长曹锐对赵天麟呈送恳请发还梁园门外学校旧址公函进行了批复。当时因另有机关暂借，遂未即收回。

1929年，国立北洋大学筹备委员会经教育部提请行政院会议通过后组建。随后，经校方与各筹委研商，拟定在西沽校址，添设理学院，并恢复法学院，而在特一区校址添设

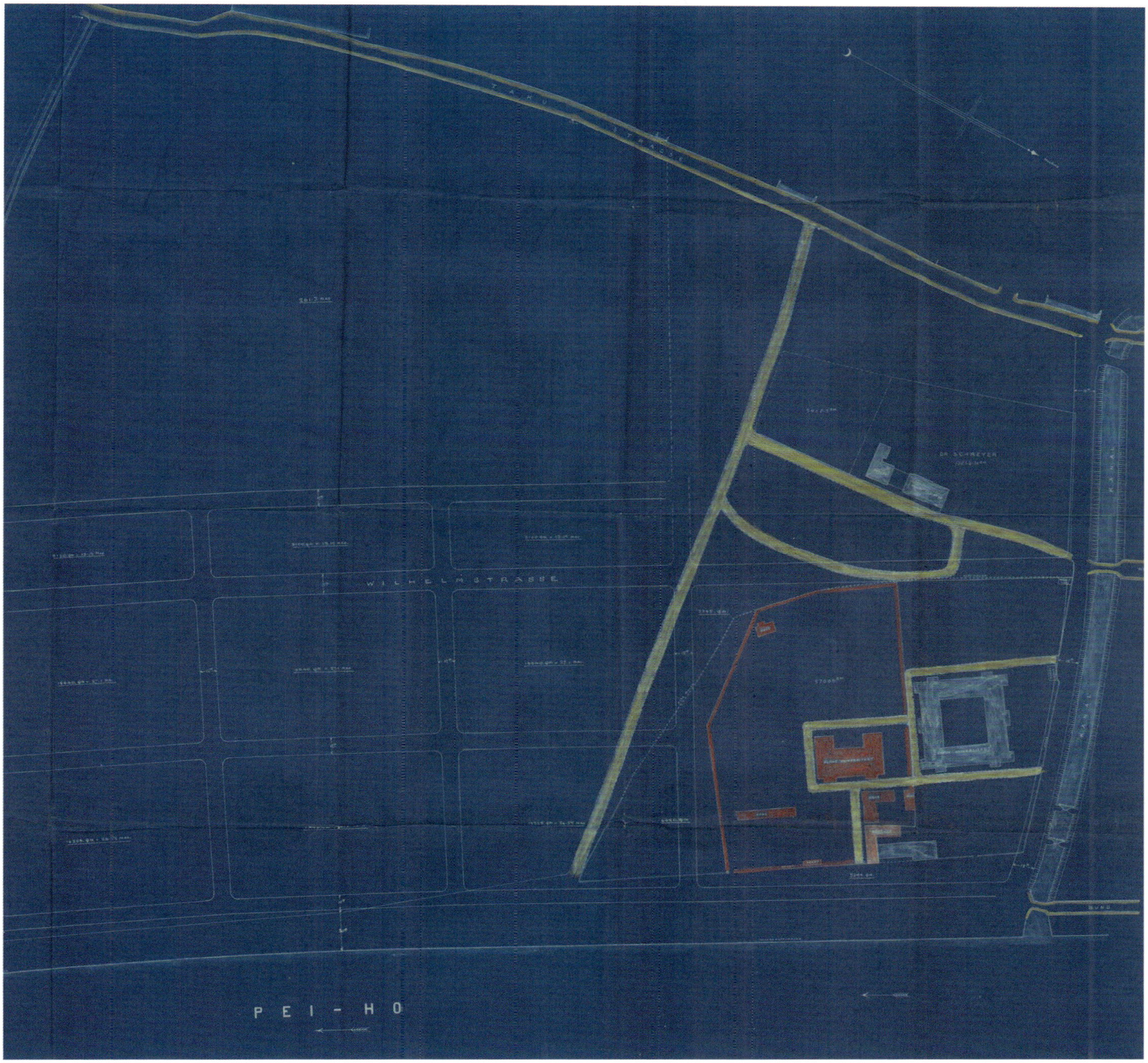

图1-3　博文书院校区位置及总平面图，1910年以前[①]

①地图方位为上西下东。图中各建筑以德文注释，包括“Kleine Universtaet”（小规模大学）、“Grosse Universitaet”（大规模大学）、“Haus”（住房）、“Staelle”（马厩）、“Wacht Haus”（门卫房）、“Abort”（厕所）等。红色为被德国军方占领范围，黄色为德国军方修建的旧路。

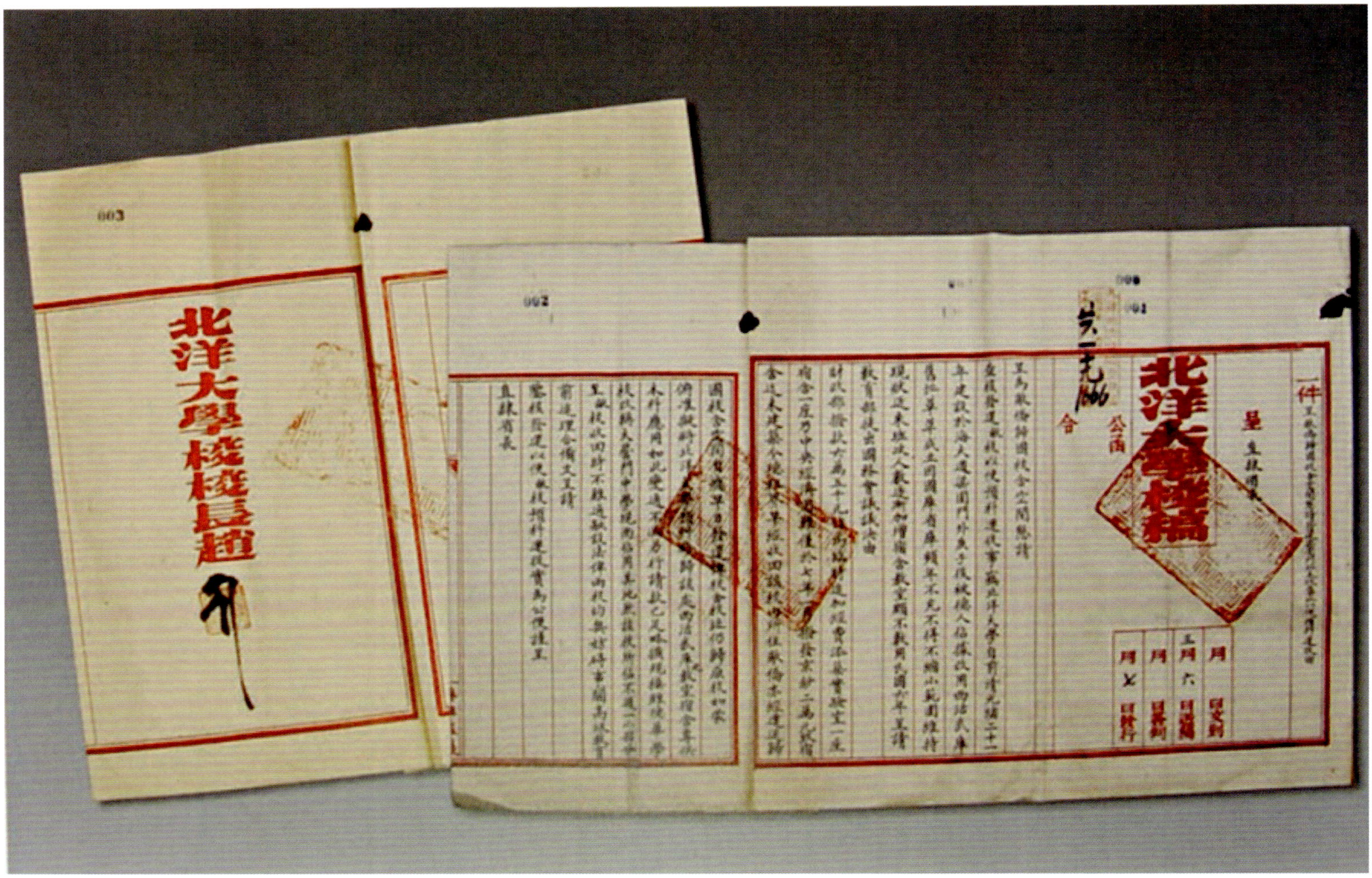

图1-4　赵天麟呈直隶省长要求发还博文书院旧址文，1919年

医学院及附属医院。筹拟积极进行期间，特一区校址被天津市误认为市有官产，1936年11月，拟将校址土地售于河北省银行，后学校、北洋同学会总会、天津分会进行抗议，要求停止出售，未果。1937年1月，自来水厂售予天津中国济安自来水公司合并经营，在北洋大学（时称国立北洋工学院）不知情的情况下，在特一区校址一隅落户。

1937年，天津地方法院登记处的《特一区国立北洋工学院所有权保存登记》详细记载了该年国立北洋工学院地块的情况。校区四至：东至海河路，西至中山路（威尔逊路），南至苏州路，北至墙子河路。校区四周尺寸：东面宽约219.5米（720英尺），西面宽约274.3米（900英尺），南面宽约202.7米（665英尺），北面宽约225.6米（740英尺），面积共计约57333平方米（86亩）。该文书中还附了一张实地调查所绘的测绘图。

1946年，河北平津区敌伪产业处理局天津办事处函达国立北洋工学院的调查报告中明确指出，“该房产权仍属北洋大学。据警察六分局郭行政组长声称月前行政院财政部催办各机关关产登记时，该房即按借用北洋大学校产性质造报者，绝无转移买卖情况”①。后此校址上所办的大营门中学、第一女子中学、特一区公署等都属于借用北洋大学校产。（图1-5）

图1-5　博文书院界石，现存天津市海河中学

第二节　校园建筑

博文书院的主教学楼，也就是后来的北洋大学堂头等学堂大楼，其建筑形式模仿欧洲早期修道院式的格局，抑或受到中国传统四合院建筑的启发，平面呈“回”字形，较为封闭内向（图1-6、图1-7），内部围合成一个方院（图1-8）。大楼的里侧是交通环廊，教室、办公室等环绕布置在建筑的外侧。教室、食堂以及宿舍设置在大楼里，学生的学习和生活都在这栋围合式的建筑中进行。

图1-6　北洋大学堂（近景为头等学堂，远景为二等学堂），西向，1900年左右

①资料来源：天津市档案馆，401206800-J0019-3-045796。

图1-7　北洋大学堂头等学堂大楼，东北向，1900年左右

图1-8　头等学堂内院

学堂大楼基底南北长73米，东西长75米，首层地面标高0.5米，首层层高5.2米，二层层高4.6米。建筑采用砖木结构形式，“其楼房之巩固为津郡华洋各屋宇中首屈一指”。建筑外立面是典型的西式风格，四面都采用对称式布局，远远望去十分端庄肃穆。头等学堂大楼历经80余年的风风雨雨后，于20世纪七八十年代被拆除。

二等学堂大楼位于头等学堂的南侧，建于1895—1900年，是一座同为两层高的砖木结构的建筑（图1-9、图1-10）。建筑平面呈“凹”字形，像是“回”字一分为二，基底平面尺寸较头等学堂稍小。其形式上模仿头等学堂的西式风格，布局上在“凹”字形内侧设外走廊。

图1-9　北洋大学堂二等学堂，西向，1900年左右

图1-10　北洋大学堂二等学堂，东向

参考文献

[1] 盛宣怀先生请奏设立本校章程禀[J]. 北洋周刊, 1935(79): 9-16.
[2] 朱寿朋. 光绪朝东华录 [M]. 北京: 中华书局，1958: 3656.
[3] 天津市档案馆, 天津海关. 津海关秘档解译[M]. 北京: 中国海关出版社，2016: 213.
[4] 天津纪实[N]. 申报, 1887-08-08（2）.
[5] 李书田. 国立北洋大学筹备缘起及分期完成计划[J].北洋理工季刊，1937，5（2）: 1-23.
[6] 天津档案馆. 天津租界档案选编[M]. 天津: 天津人民出版社, 1992: 162.
[7] 天津大学校史编辑室. 北洋大学—天津大学校史（一）[M].天津: 天津大学出版社, 1990: 42.
[8] 李书田.北洋大学之过去五十三年[M]//北洋大学—天津大学校史编辑室. 北洋大学—天津大学校史资料选编（一）. 天津: 天津大学出版社，1991: 403-412.
[9] 中国第一历史档案馆,天津大学. 中国近代第一所大学——北洋大学（天津大学）历史档案珍藏图录[M]. 天津: 天津大学出版社, 2005: 175.

图片来源

图1-1：孙艳晨绘制
图1-2：天津规划局和国土资源局. 天津城市历史地图集[M]. 天津: 天津古籍出版社，2004: 64. 天津市测绘院提供
图1-3：德国联邦档案馆. 孙艳晨提供
图1-4、图1-10：中国第一历史档案馆，天津大学. 中国近代第一所大学——北洋大学（天津大学）历史档案珍藏图录[M]. 天津: 天津大学出版社, 2005
图1-5、1-6、图1-7、图1-9：韩宝志提供
图1-8：http://tj.sina.com.cn/travel/message/2012-11-22/10056323.html

第二章　西沽校区的校园空间与建筑（1902—1952）

第一节　校园空间演变

19世纪末兴起于山东的义和团运动，后期由于打起了“扶清灭洋”的旗号，受到清政府的支持和利用。1900年初，义和团由山东涌入直隶、京津地区，成为清政府反洋教斗争的工具。5月底，西方列强以“保护使馆”为名义，提出组成联军进驻北京，清政府被迫同意。各国派来保护使馆的部队从天津的大沽口登陆，乘火车进入北京。后续增援的部队都集结在大沽口外或驻扎在天津的租界内待命。6月初，清政府与西方列强之间的战争爆发，八国联军的主力部队遭到义和团和清军的联合抵抗，天津市区成为这场战役的主战场，持续一个月的天津保卫战使整个城市遭到了毁灭性的破坏。7月14日，八国联军占领天津城。7月22日，八国联军成立“天津临时政府委员会”（俗称“都统衙门”），负责管理城市各项事务。

1900年8月14日，八国联军占领北京，慈禧太后和光绪皇帝逃往西安避祸。逃亡期间痛定思痛，被迫变法。翌年1月29日，清廷颁布变法上谕，进行改革，实施新政。新政涉及政治、军事、教育、实业等方面的内容。

1901年9月7日，清政府被迫与各列强签订了丧权辱国的《辛丑条约》。同年11月，袁世凯就任直隶总督兼北洋大臣，并于翌年5月从八国联军手中收回对天津的管辖权，开始在天津主持实施新政。新政的一个最重要举措就是废科举、办学堂、派留学。此时北洋大学堂在博文书院的校园控制权已经不在清政府手中，而且校园的规模已不能满足新式学堂的发展需要，因此必须另觅新址。1902年9月，袁世凯批准划拨天津西沽武库全址及所有房产作为大学堂校舍，武库旧址成为学校的新校址。蔡绍基被任命为北洋大学堂总办，负责筹建新校舍事宜，并被要求立即着手进行复校和校园建设工作。资金主要由津海关道兼北洋大学堂督办唐绍仪从海关库存中拨付。西沽校区为北洋大学的第二个校区。

西沽武库位于天津城北八里的西沽村以北，总占地约23.2公顷（约合348亩），始建于1873年。早在1871年春，李鸿章赴任直隶总督兼北洋大臣，以在西沽筑城之事，函招原幕僚周馥由南京到天津筹划。1873年，在天津北郊西沽购置土地，兴建大小库房200余座，作为天津机器局附属的武器库。由于西沽也是从天津沿北运河通往北京的要道，因此成为八国联军侵华战争中的重要战场。1900年6月22日至25日，联军与清军和义和团在此发生了激烈的争夺战，最终联军占领了武库，损毁了武库内的部分建筑。

八国联军占领北京后就开始商议摧毁沿海地区尤其是天津的各种军事设施，拆毁天津城墙。1901年7月，联军司令官会议责成天津都统衙门负责摧毁本地区的军事设施，最早拆毁的是天津东、西机器局和西沽武库。1901年1月30日，在联军司令官会议还未作出拆毁决议之前，西沽武库就已被拆除，仅残留了八座大库房和其他几座平房。北洋大学堂就依托这八座库房开始了复校工作。

在天津大学（北洋大学）的办学历史中，在西沽校区办学的时间长达50年。西沽校区是北洋大学的主要校址，其中只有在抗战期间西迁至陕西继续办学时不在此处。

西沽校区的发展可以分为以下三个阶段。

第一阶段（1902—1937），从新址复校至被迫西迁，是西沽校区的初建、发展、完善期。在此时期，校园空间规模逐渐扩大，建设日趋完善，设施等配置日趋齐备，奠定了西沽校区校园空间布局的基础。1929年学校改名为国立北洋工学院。

第二阶段（1937—1946），学校师生为躲避战乱，不作亡国奴，辗转至陕西复学。西沽校区被日军占领，抗战胜利后，又被国民党军队占据，校区遭到了极大的破坏。这段时间是西沽校区校园建设工程的停滞期，甚至可以说是衰落期。

第三阶段（1946—1952），抗战胜利后，学校师生回到西沽校区复校，直至1952年初。此期间学校对校园和校园内的建筑进行修葺、复原及适当加建，这是西沽校区的恢复时期。

1. 建设期（1902—1937）

（1）初建期（1902—1912）

从1902年重建北洋大学堂到1912年中华民国成立的十年间，是北洋大学西沽校区从无到有的初建时期。1902年秋至1903年春，学校用半年时间完成了第一批校园建筑的改造和建设工作。首先进行的是以西沽武库存留下来的八座库房为基础进行的改造，其中西面的六座大库房改为学生宿舍，东面的两座小库房改为教室，并用丁家立从德国索回的赔偿金五万两白银修建了校园内标志性建筑——教学大楼（又称工矿试验室）。大楼位于校园的东部，于1903年4月建成（图2-1）。同时，学校新建了外国教员宿舍楼、中国

图2-1　教学大楼（工矿试验室）

教员宿舍平房和学务处等办公用房[1]42。1903年4月27日学校正式复课。

北洋大学堂在西沽的新校址，东、北两面临北运河，西面、南面是大面积的桃树林。从校歌“花堤蔼蔼，北运滔滔，巍巍学府北洋高”的歌词中，就能感受到当时校园环境的优美、恬静，远离城市喧嚣，非常适合学校进行教学和科研活动，有利于学生的学习和生活。

校园与校外场地之间没有明确的分界，东、北两侧的北运河和南侧的堤坝形成了天然的边界线。校区东侧的主入口正对北运河上的北洋桥，是校园与外界联系的主要通道。

校园内的建设延续了八座武库库房既有的东西向中轴线，进行了有控制的建设（图2-2）。至1912年民国初期，西沽校区校园主体框架基本形成，之后校园的建设发展都是在此框架下进行的（图2-3、表2-1）。基地中央的主要建筑用围墙围合成一个内院，将校园分隔成内外两部分。围院内西起由八座库房改造而成的学生宿舍和讲堂，东至新建的教学大楼，主要是学生的学习、生活区域。围院外的新建建筑大都位于基地的东北方位，主要是教员的办公、生活区域（图2-4、图2-5）。围院外的正北方是自来水净水设施所在地，建有浑水池、澄水池（图2-6）、压水池、净水池、抽水机等设施。围院外的东、南侧没有进行建设，作为运动场地使用（图2-7）。围院内外分隔明显，体现了当时学生和

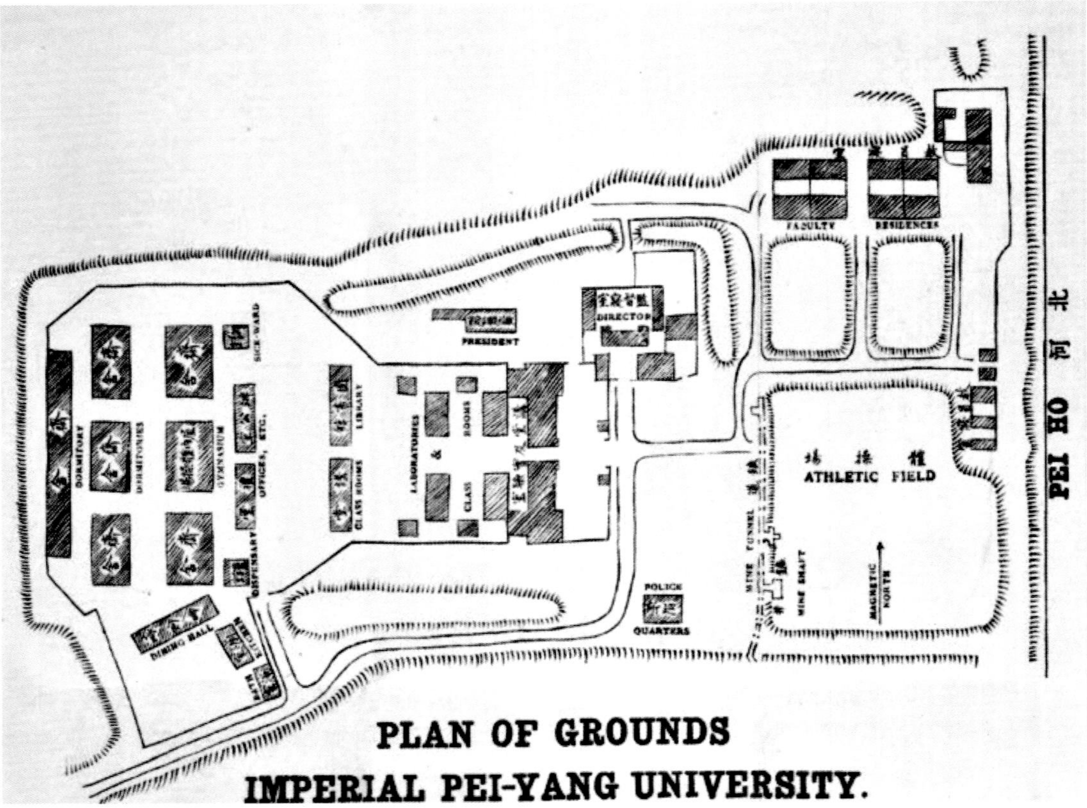

图2-2　1908年西沽校区校园规划图

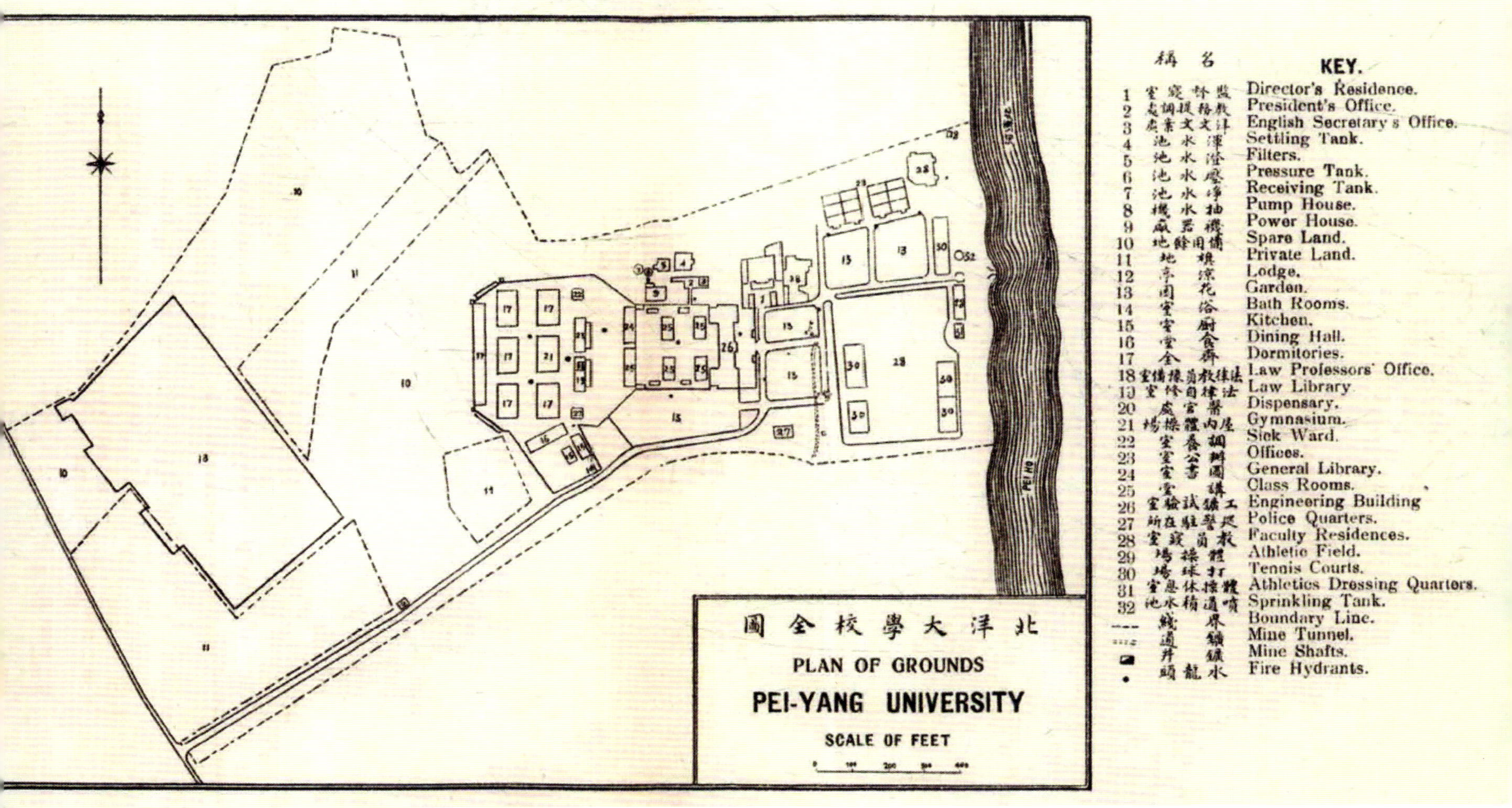

图2-3　1911年西沽校区校园平面图

老师的主要活动区域相互分离和以学生为中心的办学理念。围院内部也分成两部分，西部是由武库库房改造成的学生生活组团，中、东部是以教学大楼为主的教学组团，形成相对的动静分区。这时期的校园环境较为简陋，建设规模较小，建筑布局零散，没有形成统一的校园空间规划，反映出该阶段校园建设是在经费拮据、时间紧迫的情况下进行的，只能满足基本的教学需要。

表2-1 1912年西沽校区校园建设状况

编号	楼名	层数	建设时间
1	监督寝室	1	1902—1908 年
2	教务提调处（校长处）	1	1902—1908 年
3	洋文文案处（文案处）	1	1902—1908 年
4-8	浑水池、澄水池、压水池、净水池、抽水机		1909—1912 年
9	机器厂	1	1908—1912 年
10	备用余地（×3）		
11	旗地（×3）		
12	凉亭		
13	花园（×6）		
14	浴室	1	1908 年前
15　15- 东	厨室	1	1908 年前
15- 西		1	1909—1912 年
16	食堂	1	1908 年前
17	斋舍（×6）	1	1900 年前
18、19	法律教员预备室、法律自修室（1908 年以前为讲堂）	1	1900 年前
20	医务处	1	1908 年前
21	屋内体操场	1	1900 年前
22	调养室	1	1908 年前
23	办公室	1	1900 年前
24	图书室	1	1908 年前
25	讲堂（×5）	1	1908 年前
26	工矿试验室（教学大楼）	2+ 地下室	1903 年 4 月
27	巡警驻在所	1	1908 年前
28	教员住宅（×5）	1 或 2	1903—1908 年
29	体操场		1908 年前
30	网球场（×5）		
31	体操休息室	1	1908—1912 年

图2-4　围院外东北方的教员宿舍区，1925年

图2-5　教员宿舍楼

图2-6　澄水池

图2-7　俯瞰校园围院外东南方，上方为北运河，中间建筑为巡警驻在所，1911年

（2）发展期（1912—1928）

中华民国成立后的1912年至1928年（北洋政府执政时期），是北洋大学及其西沽校区建设的快速发展时期。此时民国政府承认的官办大学堂只保留了北洋大学堂（1895年）、京师大学堂（1898年）和山西大学堂（1902年）三所。1912年北洋大学堂更名为北洋大学校，1913年更名为国立北洋大学。1913年底至1914年初，因民国政府财政困难，一度要将相距较近、性质相似的北洋大学和北京大学合并，但因遭到两校师生抵制而未能实施。

北洋大学为满足自身发展的需求，对其校园进行了小规模的改扩建。从1915年开始，有计划地陆续建设了一批学生宿舍及教学、实验用房，其中包括两座学生宿舍、一座机械实验楼、一座理化实验楼、三座教员宿舍。校园“围场以外，为操场球场、为教员住宅、为凉亭花园。以内则为西式大楼（教学大楼）、工矿试验室、地质陈列室、实验讲堂、图书馆等位焉。再进为长衢，直达内操室，分支达各斋舍，位其间者，为校长室，为电灯厂、自来水厂，为讲室、测量仪器室、图书馆（馆储中西书籍万数千种，中西报章一百余种），为法律图书馆，则英美成案及中西名著庋焉，为办公室、会计室、书库、教学书储焉，为打字室、誊印室，为医务室、调养室，为厨房、浴室、茶炉”[2]。

1924年的校园建设较之1912年时产生了不小的变化。在增建了部分功能用房的基础上，又对原有部分建筑的功能进行了调整，在付出较少成本的情况下实现了校园教学、生活功能的扩充与完善。这一阶段的校园建设重点为围院周边新建的一些建筑，既扩大了围院的空间范围，又进一步强化了围院空间的围合感，也促成了围院内建筑功能布局的合理化调整（图2-8、表2-2）。

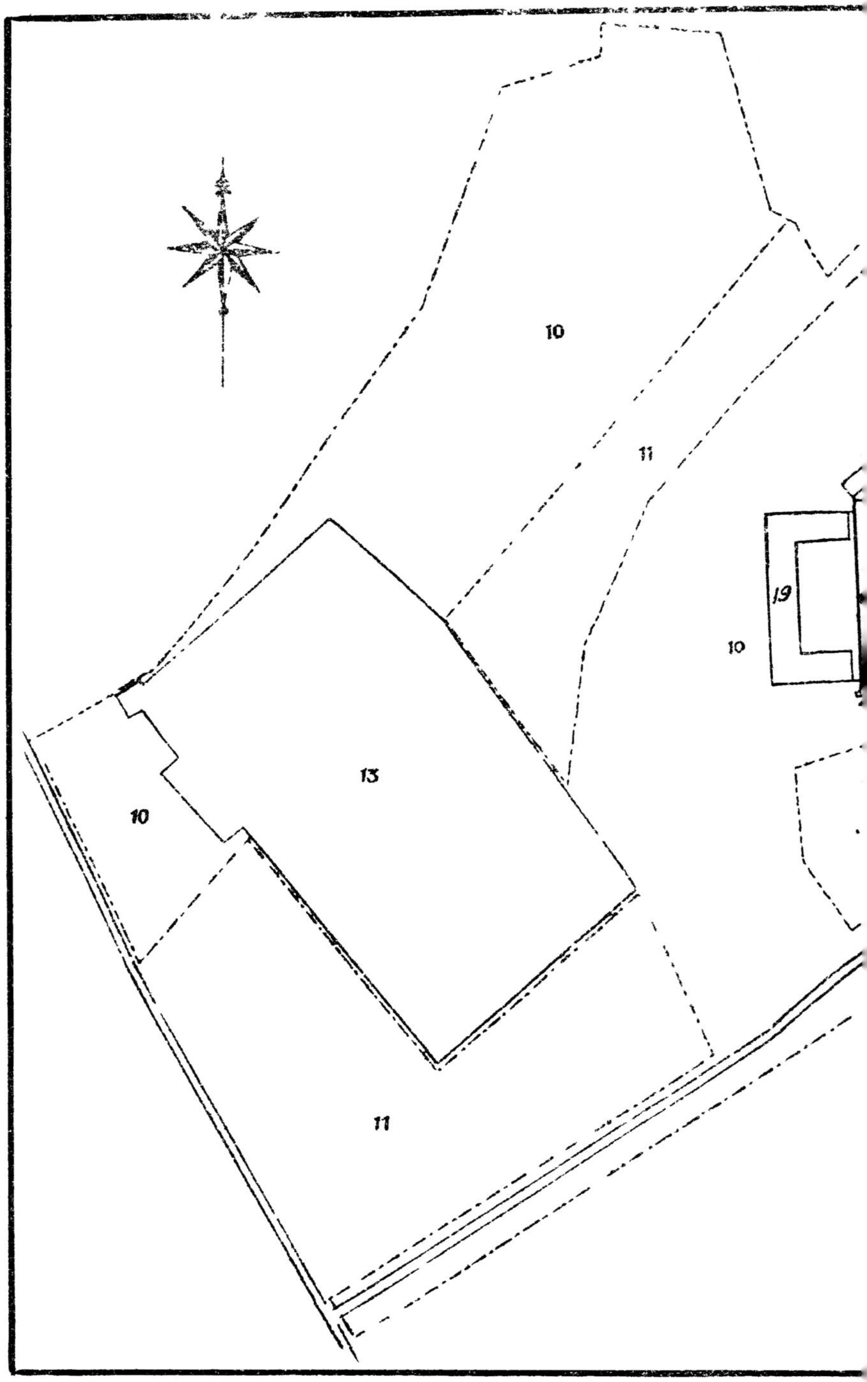

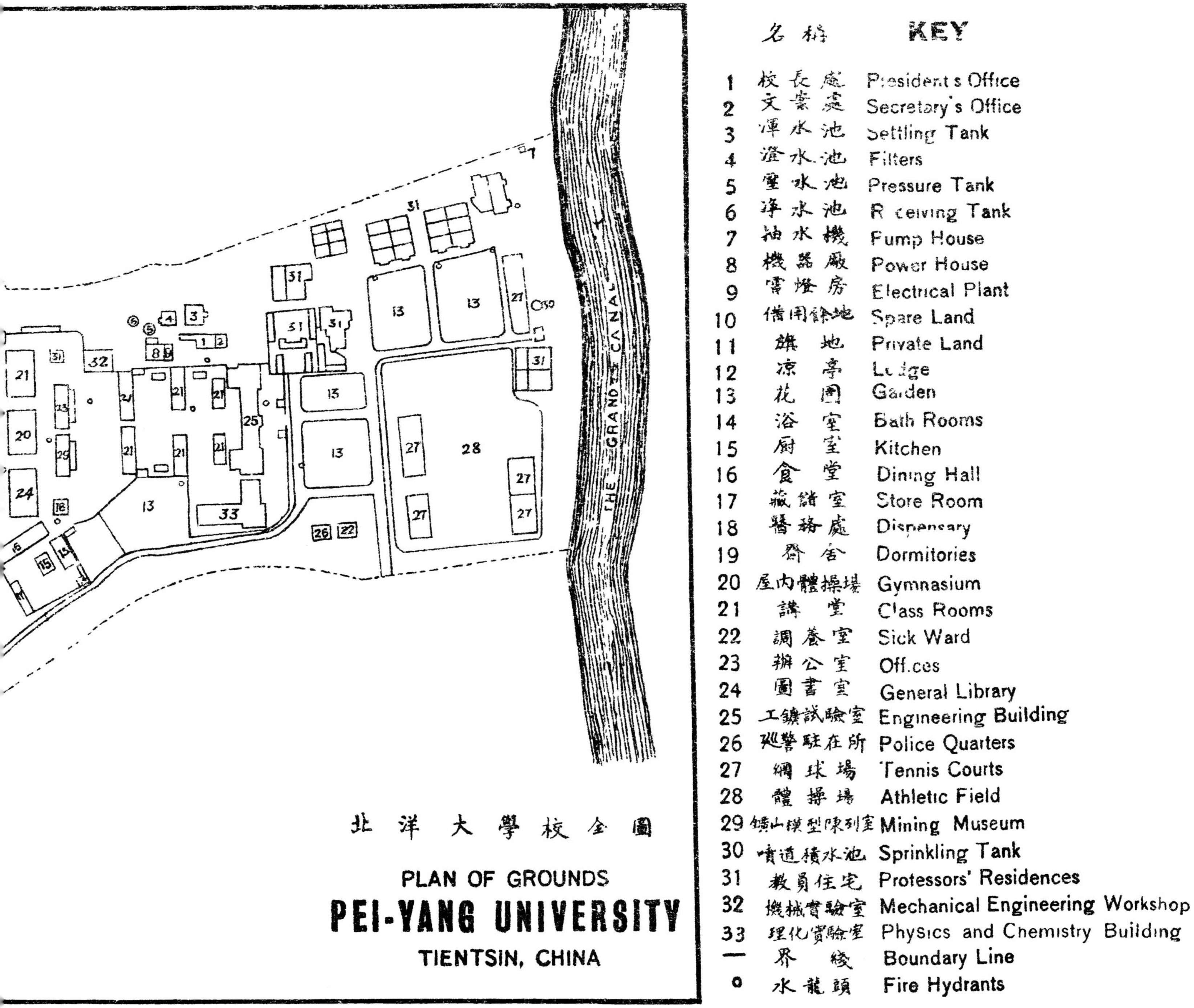

图2-8　1924年西沽校区校园总平面图

表2-2　1924年西沽校区校园建设状况

编号	楼名	层数	建设时间	备注
1	校长处	1	1902—1908 年	
2	文案处	1	1902—1908 年	
3~6	浑水池、澄水池、压水池、净水池		1908—1912 年	
7	抽水机		1908—1912 年	
8	机器厂	1	1908—1912 年	
9	电灯房	1	1908—1912 年	
10	备用余地（×3）			
11	旗地（×3）			
12	凉亭			
13	花园（×5）			
14	浴室	1	1908 年前	
15-1	厨室	1	1908 年前	
15-2	厨室	1	1909—1912 年	
16	食堂	1	1908 年前	1912—1924 年加建过
17	藏储室	1	1913—1924 年	
18	医务处	1	1908 年前	
19-1	学生宿舍	2	1923 年	满长五百尺、宽四十余尺，楼上下共房一百三十余间 [3]13
19-2	斋舍（一字形）	1	1900 年前	
19-3	斋舍（折线形）	1	1915 年	
19-4-1	斋舍	1	1900 年前	
19-4-2	斋舍	1	1900 年前	
19-4-3	斋舍	1	1900 年前	
20	屋内体操场	1	1900 年前	
21	讲堂	1	1900 年前	1912 年前为斋舍，1913—1924 年改为讲堂，内分讲堂四间 [3]13
21-1	讲堂	1	1908 年前	1911 年前为图书室
21-2	讲堂	1	1908 年前	分为讲室三间 [3]12
21-3	讲堂	1	1908 年前	附有试金室、冶金室、测量仪器室、存储室 [3]12
21-4	讲堂	1	1908 年前	
21-5	讲堂	1	1908 年前	
21-6	讲堂	1	1908 年前	
22	调养室	1	1913—1924 年	
23	办公室	1	1900 年前	内分学监室、卷宗室、会计室 [3]12-13
24	图书室	1	1900 年前	1912 年前为斋舍，1913—1924 年改为图书室，附设阅报室 [3]13
25	工矿试验室（教学大楼）	2+ 地下室	1903 年	
26	巡警驻在所	1	1908 年前	
27	网球场（×5）			
28	体操场		1908 年前	
29	矿山模型陈列室	1	1900 年前	1912 年前曾为法律自修室
30	喷道积水池			
31	教员住宅	1	1908 年前	1911 年前为调养室
31-1	教员住宅（×5）	2	1903—1908 年	
31-2	教员住宅（×2）	2	1915 年、1917 年	
31-3	教员住宅	1	1918—1924 年	内计平房三十间 [3]11
32	机械实验室	2	1917 年	
33	理化实验室	2	1918—1924 年	

注：根据《北洋大学—天津大学校史》《北洋大学—天津大学校史资料选编》《1915 年北洋大学校周年概况报告》《1917 年 1 月北洋大学周年概况报告书》《莘莘学子母校情》《国立北洋大学校一览》整理。

1915年，在围院西部改作学生宿舍的六座武库的西北侧，建成一座折线形的学生宿舍楼，长二百尺（66.7米）、宽三十尺（10米），可住宿学生七十人[4]。1923年，在原有“一”字形宿舍楼西面空地，又建成一座两层的学生宿舍楼[5]，刚建成时，上下两层共有房间一百三十多间，每间住三人，可容纳四百多人，是校园内体量最大的建筑。建筑花费六万余元，承包者为校内木匠[6]。平面呈“U”字形（图2-9、图2-10），长五百尺，宽四十尺[1]15。前后有窗，备有热水管、洗面台等[4]。抗战时期遭日军毁坏，现已不存。此栋楼的建成与其东侧“一”字形的宿舍楼围合成一个新的合院空间，大大向西拓展了围院范围。1925年，折线形宿舍楼的部分房间改作理发室及浴室[1]154；“一”字形宿舍楼的部分房间改作各学门研究会会所及学生延接室①[1]154；六座用作学生宿舍的武库中除西侧三座仍作为学生宿舍使用外，东面的三座则改成了体操房②[3]13（图2-11）、教室和图书室；东面原作为教室使用的两座武库改为办公室和矿山模型陈列室。随着学生宿舍区向西拓展，教学功能用房也随之向西延伸。

图2-9 “U”字形学生宿舍楼（一）

图2-10 “U”字形学生宿舍楼（二）

围院南侧的食堂区基本保持原有的合院格局，将食堂向西南进行扩建，并在食堂南侧加建了一排厨役宿舍，强化了合院空间的围合感。

1917年，在围院东部教学区建成了一座包含工作室的机械实验楼（机械工厂），“长五十八尺、宽三十尺，内有钻床、锯床、割轮齿机、穿孔机、套丝机、磨机，以备教员指导学生实验。后面相连工作室一座，计平房长五十八尺、宽二十尺，内有铁工木工，设有铁炉，并铁工木工应用

图2-11 体操房

①第二斋（此处应指一字型宿舍楼），计房十六间，各学门研究会在第二斋内有四间。

②长一百一十尺、宽六十五尺、高二十五尺，室内四面均有楼廊。

各种器具”[7]（图2-12）。1918年后，在教学大楼南侧建成了一栋两层高、规模较大的理化实验楼（理化楼），“东西长一百五十二尺、南北宽五十二尺，又南北长六十尺、东西宽四十二尺、高四十八尺；内分物理实验室二、物理讲堂一、教员预备室一、化学实验室二、化学讲堂一、教员预备室一、化学药料室一、仪器室一、天平室一”[3]11（图2-13）。

图2-12　机械实验楼

1920年，校园内已建有冶金室、机械室、工作室、制图室、矿物陈列室、物理试验室、化学试验室、天平室、吹管分析室、水力机室、测量仪器室、工料实验室、图书馆、地质陈列室等教学用房[8]。

围院外的校园也进行了一定程度的加建和整修。在校园北侧分别于1915年、1917年增建了两座西式两层小楼作为教授宿舍，形成了校区东北方向的教员集中住宿区（图2-14）。校园东侧的体育运动场地增设了几块网球场及篮球场，可以满足更多学生的活动需求。

校园的主要出入口仍在原来的位置，但在20世纪20年代，北洋桥损毁，进市区需由此坐船到对岸后走京津公路，或出了校门向南走过西沽村，过大红桥到北大关。这一时期的校外环境有些变化，校园外西南方向已形成远近闻名的桃花大道。由西沽村往北至学校约1000米长的大道，种满桃花[8]。（图2-15~图2-17）

图2-13　理化实验楼

图2-14　新建的两幢教员宿舍楼

图2-15　西沽校区南面，1925年

图2-16　西沽校区东面，1925年

图2-17　桃花堤，1925年

1924年至1928年北伐战争结束前，军阀混战，时局动荡，此时是北洋大学发展的困难期。李书田在《北洋大学之过去五十三年》中写道，“自十三年以迄民国十七年南北统一之际，经费常常积欠，校务推行，至感不易。……此一时期，自民国十三年以迄民国十七年，是为北洋大学之艰难奋斗时期”。经费不足严重影响了北洋大学的发展，因此在这段时间，校园建设也基本处于停滞状态。

（3）完善期（1928—1937）

从1928年6月至1937年7月，是北洋大学发展成熟的时期，也是西沽校区建设的基本完善时期。学校的办学经费主要来源于国民政府的国省库款[9]，还有很小的一部分为学生缴费①[1]151，此时经费相对充裕，因此校园建设进入了稳定发展的成熟时期。

1929年3月31日晚，教学大楼不幸失火被焚毁（图2-18），这使得校园中的教学空间严重不足，对学校的正常教学产生了极大的不利影响。为此，学校进行了一次较大规模的校园规划（图2-19）。

此次校园规划的突出特点是把学校发展的重心拓展到围院以外，在继续保持并强化东西向轴线的基础上，校园范围向西、南两个方向大幅度延伸。

图2-18　教学大楼被焚后的残楼

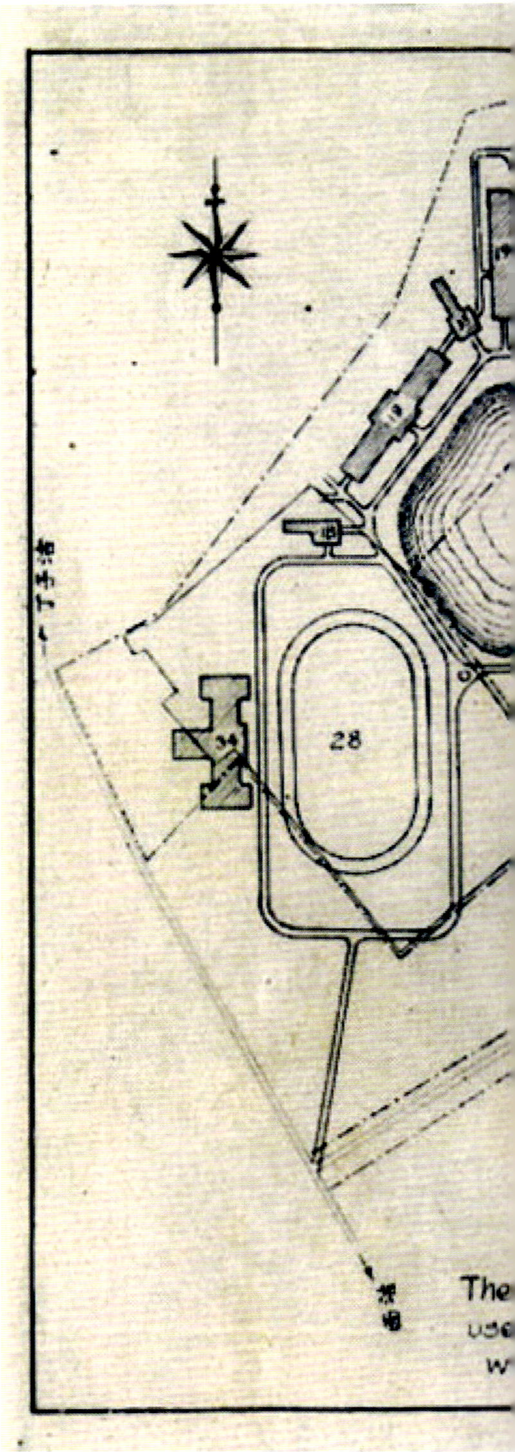

①1932年度经费仅为188929元，其中国省库款173962元，学生缴费14967元。支出情况为：俸给费118062元，办公费34083元，设备费16351元，特别费6465元。

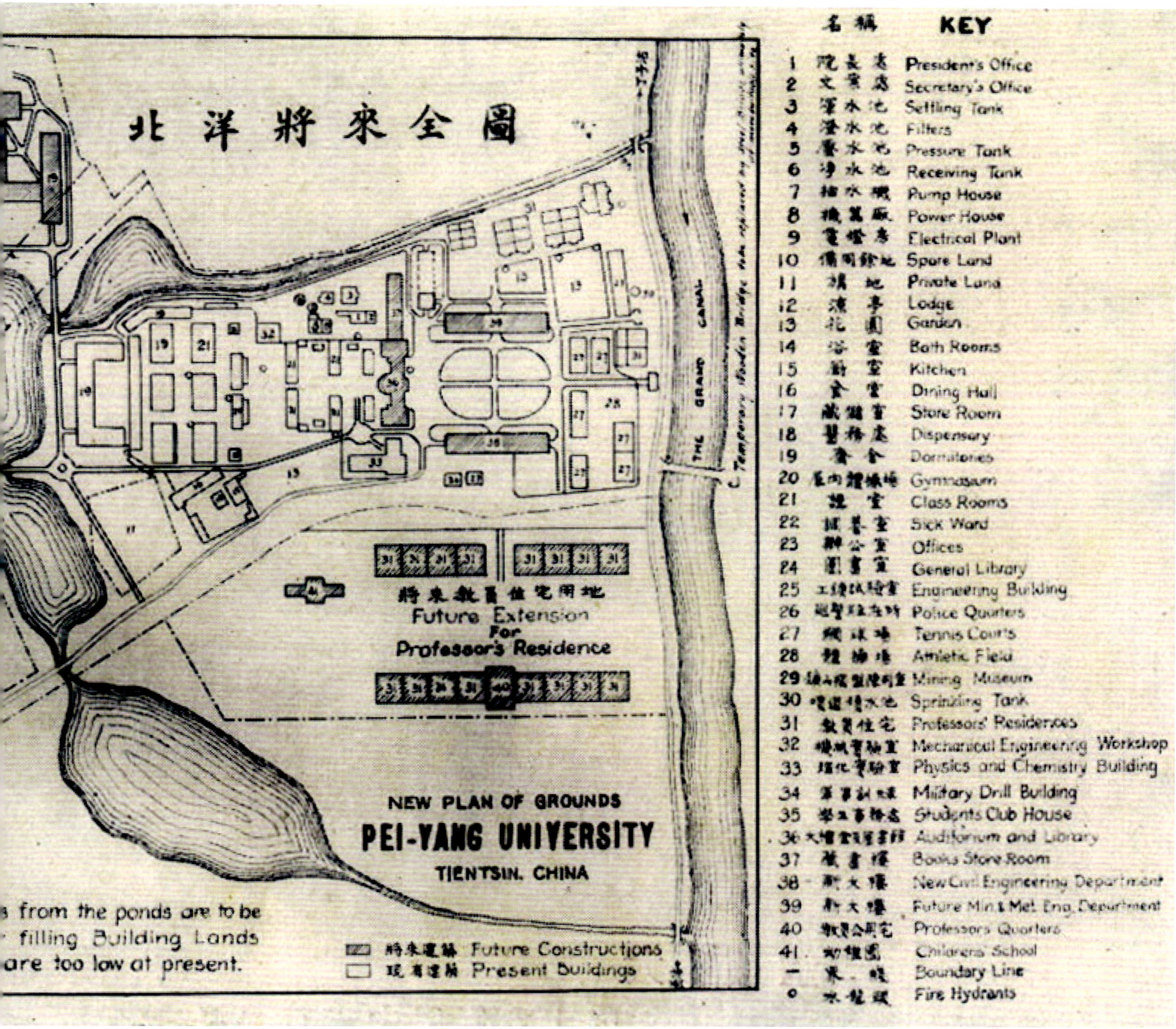

图2-19　1929年火灾后西沽校区校园规划图

本校將來之書樓及大禮堂
長二百三十呎寬六十呎
價值二十二萬元
Library & Auditorium, 230'×60'－Cost $220,000

图2-20　图书馆和大礼堂规划设计方案

本校將來之體育室
內容一千學生
Physical Training Building For 1000 Students

图2-21　体育馆规划设计方案

在焚毁了的教学大楼原址上，规划建设三层高的大礼堂和图书馆（图2-20）。在图书馆东侧与校门之间的操场上，建两栋南北相向的大楼，这就是后来建成的南大楼和北大楼。原来的东校门移至团城的南侧，与图书馆的中轴线对齐，加之南、北大楼的烘托，形成了从西端“U”字形学生宿舍第一斋到东端主校门的一条明确的、贯穿整个校区的东西向主轴线。由图书馆，南、北大楼和主校门，共同围合形成中间的花园式广场。南、北大楼和中心广场占据了原来的运动场用地，规划在校园西部建设一个有标准跑道的运动场和可容纳1000人的体育馆，并规划建设电气及蒸汽工程试验室和新的学生宿舍（图2-21~图2-23）。但由于灾后规划比较超前，一是发展用地范围过大，二是需要对部分教授宿舍进行拆迁，影响了规划方案的可行性，尤其是这段时期学校办学经费不足，致使火灾后的规划没有实施。

1929年7月，由于此前北洋大学的法科已调整到北京大学，北京大学的工科调整到北洋大学，北洋大学只剩工科，故学校改名为“国立北洋工学院”。

1931年，接替茅以升成为国立北洋工学院院长的蔡远泽对西沽校园的灾后规划进行了折中调整，并拟定了一个建设计划：“第一步，建造木桥。所需经费，由天津电车公司所捐的1万元拨充。因为木桥造好，对于建造新大楼的材料运输，有许多方便。第二步，择定东操场南边空地为大楼新址，工程设计由谭全甫担任，设计完毕，便于当年3月底破土兴工。建筑专款仍为10万元。”[1]137计划中提到的新大楼指的就是南大楼（工程学馆）（图2-24）。1932年，南大楼完成了主体建筑的建设，形成了阶段性的校园建设规模（图2-25）。但是由于建设经费短缺，南大楼内部的装修无法进行，故无法交付使用。1932年9月，李书田接任院长后，继续推进南大楼的收尾工程。1933年南大楼投入使用，工程

图2-22　电气及蒸汽工程试验室规划设计方案

图2-23　学生宿舍规划设计方案

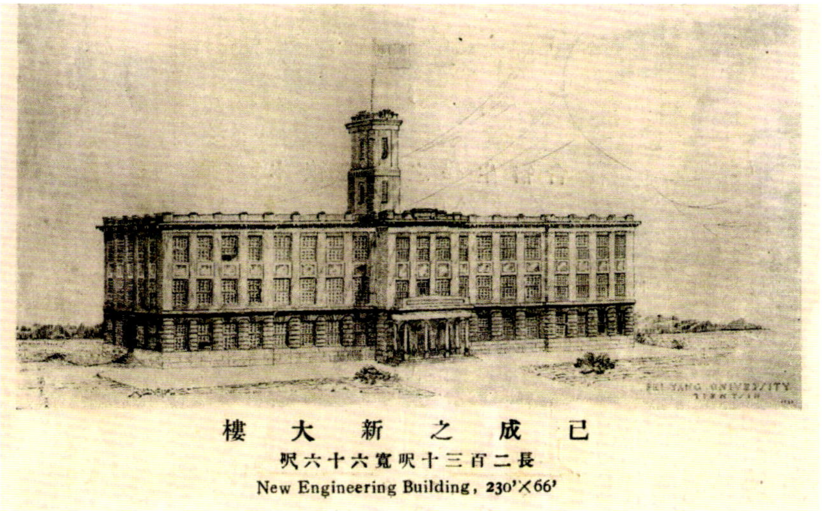

图2-24　南大楼（工程学馆）设计方案

共耗资15万余元[10]（图2-26、图2-27）。1935年秋北大楼（工程实验馆）开工建设，1936年春建成并投入使用（图2-28）。1937年春，在被焚毁的教学大楼旧址上开始修建图书馆，建到一层半时爆发了七七事变，图书馆建设停止。原规划在南大楼西侧，与北面教授宿舍遥相呼应的地质馆也没有动工建设。在此期间，按照原规划将团城北侧的校园大门迁至团城南侧，与校园东西轴线对齐。同时又对部分建筑，如西侧南边的图书馆、土木工程陈列室、联合工程陈列室、模型铸工室及试金室的教学楼进行改造。至此，北洋大学的校园空间建设基本成熟。

总体而言，1935年前后的建设工作基本是沿着灾后规划的思路，进行了一定的可行性调整，并有序地实施建设（图2-29、表2-3）。其结果是，除了图书馆和地质馆未建成外，从西端学生宿舍第一斋到东端主校门，沿着主轴线，形成了一个完整有序、功能分区明确的校园空间。1903年，西沽校区第一次建设完成学校复课的时候，校区内已形成了一条东西向的轴线，这条轴线一直到1925年都局限在围院的范围内。火灾后的规划，将这条轴线向东延伸到了校前区，通过五年的建设，南大楼和北大楼相继落成，这条东西轴线贯穿了整个校园，真正形成了一条控制校园的主

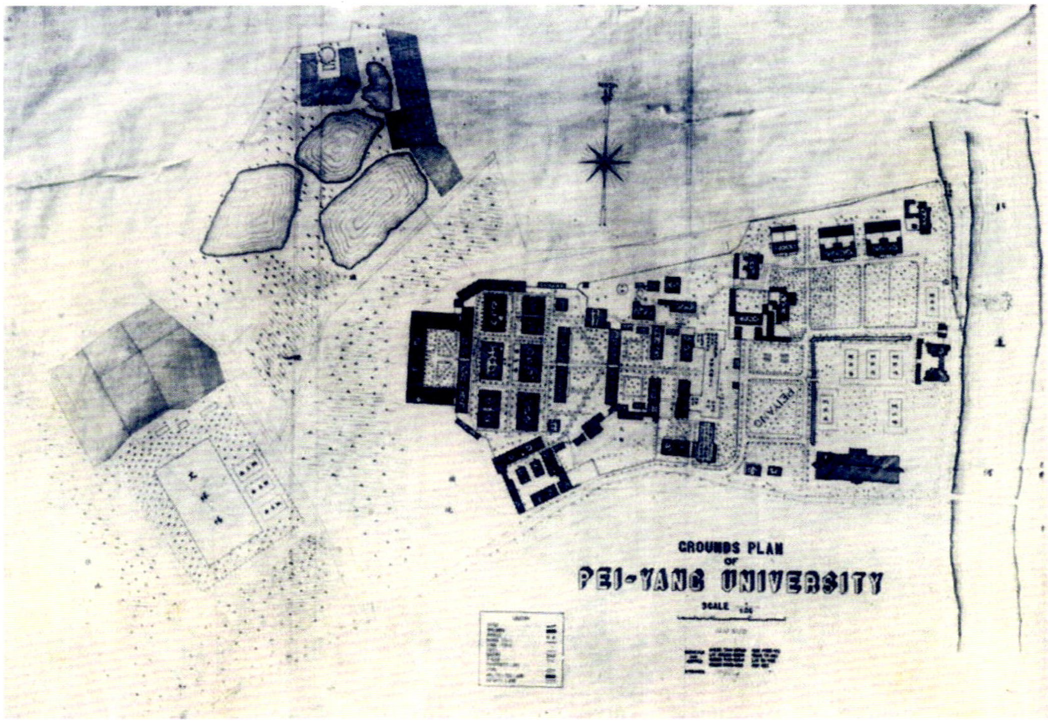

图2-25　1932年西沽校区校园总平面图

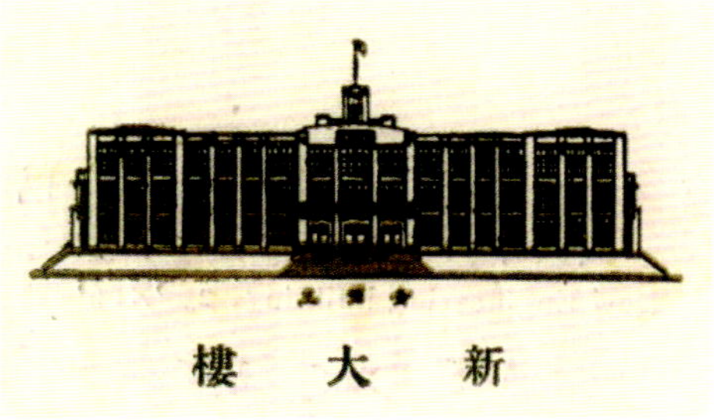

图2-26　南大楼（工程学馆）实施方案

图2-27　南大楼（工程学馆）

图2-28　北大楼（工程实验馆）

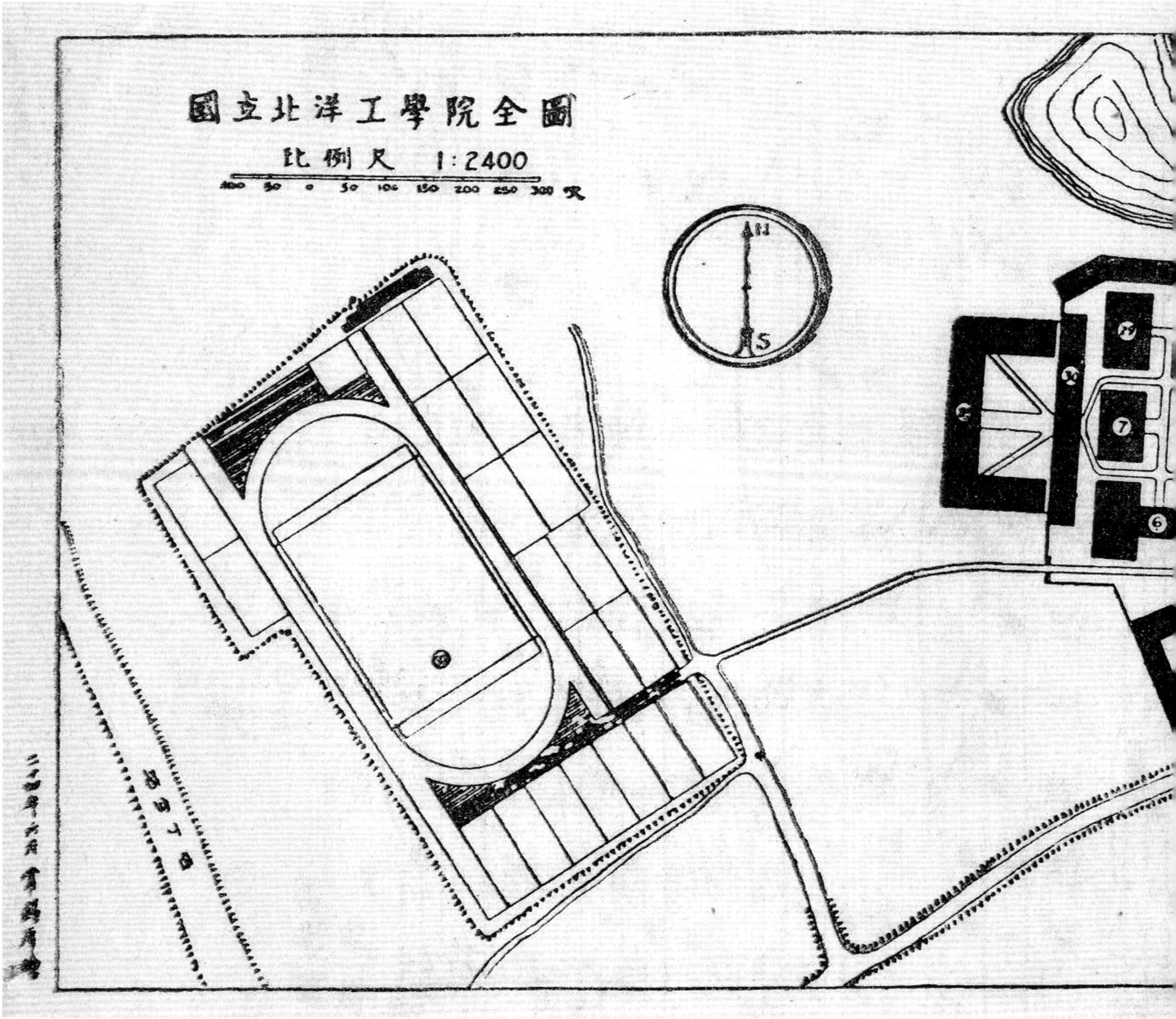

图2-29　1935年西沽校区校园总平面图

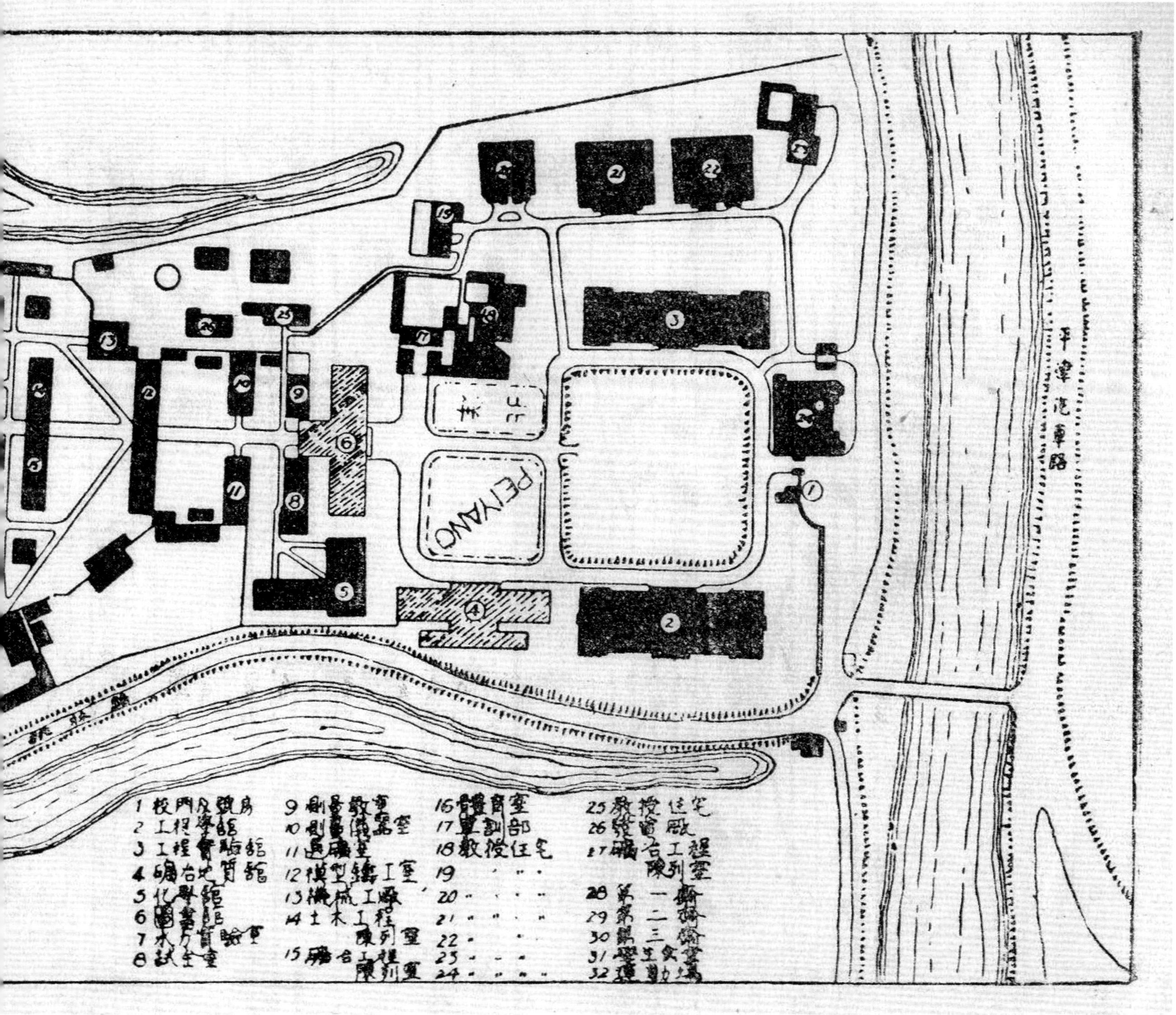
PEIYANG
平津汽車路
1 校門及號房
2 工程學館
3 工程實驗館
4 礦冶地質館
5 化學館
6 圖書館
7 水力實驗室
8 試金室
9 測量教室
10 測量儀器室
11 選礦室
12 模型鑄工室
13 機械工廠
14 土木工程陳列室
15 礦冶工程陳列室
16 體育室
17 軍訓部
18 教授住宅
19 〃 〃 〃
20 〃 〃 〃 〃
21 〃 〃 〃 〃
22 〃 〃 〃
23 〃 〃 〃
24 〃 〃 〃 〃
25 教授住宅
26 發電廠
27 礦冶工程陳列室
28 第一齋
29 第二齋
30 第三齋
31 學生食堂
32 運動場

表2-3 1935年西沽校区校园建设状况

<table>
<tr><th>编号</th><th>楼名</th><th>层数</th><th>建设时间</th><th colspan="2">备注</th></tr>
<tr><td>1</td><td>校门及号房</td><td>1</td><td>1933—1935 年</td><td colspan="2">原在北侧教授住宅北</td></tr>
<tr><td>2</td><td>工程学馆（南大楼）</td><td>3</td><td>1931 年始建
1932 年初步建成
1933 年建成使用</td><td colspan="2"></td></tr>
<tr><td>3</td><td>工程实验馆
（北大楼）</td><td>3</td><td>1935 年秋开工
1936 年春建成</td><td colspan="2"></td></tr>
<tr><td>4</td><td>矿石地质馆</td><td></td><td>计划建设</td><td colspan="2">未建成</td></tr>
<tr><td>5</td><td>化学馆</td><td>2</td><td>1918—1924 年</td><td colspan="2">原为理化实验室
（1924—1933 年）</td></tr>
<tr><td>6-1</td><td>图书馆</td><td>—</td><td>计划建设</td><td colspan="2">1929 年 3 月 31 日晚教学大楼失火焚毁；
计划 1937 年在其旧址上建图书馆</td></tr>
<tr><td>6-2</td><td>图书馆</td><td>1</td><td>1900 年前</td><td colspan="2">西侧楼原为斋舍（1924-19-4-3）；东侧楼 1912 年前为斋舍；1913—1924 年改为图书室（附设阅报室）（1924-24）。
1933—1935 年合并为图书馆</td></tr>
<tr><td>7</td><td>水力实验室</td><td>1</td><td>1900 年前</td><td colspan="2">原为斋舍（1924-19-4-2），1925 年改为藏储室</td></tr>
<tr><td>8</td><td>试金室</td><td>1</td><td>1908 年前</td><td colspan="2" rowspan="4">此四间原均为讲堂（1924-21-3~1924-21-6），
并附有试金室、冶金室、测量仪器室、存储室</td></tr>
<tr><td>9</td><td>测量教室</td><td>1</td><td>1908 年前</td></tr>
<tr><td>10</td><td>测量仪器室</td><td>1</td><td>1908 年前</td></tr>
<tr><td>11</td><td>选矿室</td><td>1</td><td>1908 年前</td></tr>
<tr><td>12</td><td>模型铸工室</td><td>1</td><td>1908 年前</td><td colspan="2">楼内北侧原为图书室（1924-21-1），南侧为讲室三间（1924-21-2）
1933—1935 年合并为模型铸工室</td></tr>
<tr><td>13</td><td>机械工厂</td><td>2</td><td>1917 年</td><td colspan="2">原机械实验室（1924-32）</td></tr>
<tr><td>14</td><td>土木工程陈列室</td><td>1</td><td>1900 年前</td><td>原为办公室（为学监室、卷宗室、会计室）
（1924-23）</td><td rowspan="2">1933—1935 年两楼合并</td></tr>
<tr><td>15</td><td>联合工程陈列室</td><td>1</td><td>1900 年前</td><td>1903—1908 年为讲堂，后改为书库、
矿山模型陈列室（1924-29）</td></tr>
<tr><td>16</td><td>体育室</td><td>1</td><td>1900 年前</td><td colspan="2">原名屋内体操场（1924-20）</td></tr>
<tr><td>17</td><td>军训部</td><td></td><td>1903—1908 年</td><td colspan="2">原为教员住宅（1924-31-1）</td></tr>
<tr><td>18</td><td>教授住宅</td><td>1</td><td>1902—1908 年</td><td colspan="2">原为校长处（1924-1）和文案处（1924-2），1933-1935 年合并为教授住宅</td></tr>
<tr><td>18-1</td><td>教授住宅（×4）</td><td></td><td>1903—1908 年</td><td colspan="2"></td></tr>
<tr><td>18-2</td><td>教授住宅（×2）</td><td></td><td>1915 年、1917 年</td><td colspan="2"></td></tr>
<tr><td>18-3</td><td>教授住宅</td><td>1</td><td>1918—1924 年</td><td colspan="2"></td></tr>
<tr><td>19</td><td>纱窗厂</td><td>1</td><td>1908—1912 年</td><td colspan="2">原为机器厂（1924-8）和电灯房（1924-9），1933—1935 年合并为纱窗厂</td></tr>
<tr><td>20</td><td>矿冶工程陈列室</td><td>1</td><td>1900 年前</td><td colspan="2">1912 年前为斋舍；1913—1924 年改为讲堂（1924-21），内分讲堂四间；
1933—1935 年改为矿冶工程陈列室</td></tr>
<tr><td>21</td><td>学生宿舍第一斋（“U”字形）</td><td>2</td><td>1923 年</td><td colspan="2"></td></tr>
<tr><td>22</td><td>学生宿舍第二斋</td><td>1</td><td>1900 年前</td><td colspan="2">（1924-19-4-1）</td></tr>
<tr><td>23</td><td>学生宿舍第三斋（“一”字形）</td><td>1</td><td>1900 年前</td><td colspan="2">（1924-19-2）
内曾有各学门研究会会所和学生延接室（1925 年）</td></tr>
<tr><td>24</td><td>学生食堂</td><td></td><td></td><td colspan="2">1933—1935 年进行改造</td></tr>
<tr><td>25</td><td>运动场</td><td></td><td>1933—1935 年</td><td colspan="2"></td></tr>
</table>

图2-30　教学大楼和围院的大门，1929年以前

轴线，而且这条轴线在北洋大学时期一直清晰地存在着。1929年之前，进入学校围院的校门在教学大楼前面即围院的东侧（图2-30），此时校区的“内”就是围院“内”，而围院“外”的界定则比较模糊。1929年以后，围院“内”“外”的界定发生了变化。内院和院外依旧被院墙明确分开，但是在围院东侧的院门消失了，新的学校大门建在了北运河西岸即校区东侧，这使得校区的“内”与“外”有了明确的界定和分隔（图2-31）。

主校门外东侧紧邻北运河，北洋桥被毁后师生出行很不方便，加之1929年教学大楼发生火灾，所有消防队因河阻隔，最终大楼付之一炬[11]，于是学校决定在北运河上建桥。该桥于1931年4月6日建成[12]，并被命名为北洋桥（图2-32）。

校园外除西南方向的桃花大道外，已于南侧形成桃花堤，与桃花大道相连，环境十分优美。

图2-31　校园东区鸟瞰，1934年

图2-32　刚落成的北洋桥，1931年

2. 停滞期（1937—1946）

1937年7月，北洋工学院的西沽校区被日军占据，作为坦克兵营，同时日军将学校周边地带也划为军事区，禁止买卖和建设。1937年9月，教育部令北洋工学院联合北平几所院校组成西安临时大学，迁往西安复学。

3. 恢复期（1946—1952）

1945年8月，抗战胜利。10月，天津收复，西沽校区又被国民党军队占领驻扎。翌年1月，教育部正式下达恢复国立北洋大学的函令。3月，北洋大学天津临时接收保管委员会成立，负责在原校址接收、保管、复校事宜[1]332。7月，部分师生陆续回津返校。10月，学校正式开学。而此时历经三十多年建设而成的校园遭到了严重破坏，院内树木基本被砍伐殆尽，很多房舍的水管和电线被拆走，木制的门窗和地板被烧毁，没有转移走的图书及设备也全都遭到了破坏。校园里遍布碎砖瓦砾，垃圾成堆。

图2-33　抗战胜利后校舍损毁情况

建筑更是残垣断壁，满目疮痍（图2-33）。首先，围院遭到了严重的破坏。西沽武库遗留的八座库房中，北侧两栋进深较大的库房消失不见，库房南侧小院中的两栋食堂遭到摧毁，库房北侧、西侧的“一”字形与折线形学生宿舍也被毁；围院内东侧的试金室和测量教室则因图书馆的修建被拆除；损毁最为严重的是围院院墙，除西南角还残存一小段外，其余部分均已不复存在。这导致围院内和围院外的分隔被打破，使得校园空间由之前的私密状态变为开放状态，校园内没有了“内”“外”之分，成为一个整体。

其次，校前区也遭到了严重破坏。位于新建图书馆的东北方，1935年时作为军训部的小院消失了。校前区北侧三栋教员宿舍也不复存在。校园内建筑的损毁严重影响了学校的正常运转。

1946年10月开学前，校方依照区分轻重缓急、难易结合的原则，采取修旧利废、因陋就简的办法，经过几个月努力，夜以继日地紧张工作，终于克服了重重困难，使南大楼在8月20日修葺完工。10月中旬基本完成教职工和学生宿舍的修缮、实验室的整理，为招收新生、开学提供了条件[1]336。

复校时，机械工厂、理化实验室尚可勉强使用，其他建筑限于经费，未复旧观，教员及学生宿舍也不敷使用[13]。1947年初，学校多次向教育部请款，在社会舆论的影响及《大公报》的呼吁下，教育部才给北洋大学拨来了修建设备费5亿元，加上校友和社会上的支援，北洋大学才得以新建一栋可住18户的二层教授宿舍，并于1947年10月完工（图2-34）。1947年9月，运动场土方工程竣工，开工接建图书馆的三层[14]。1948年又将向邻近的中南化学厂①[15]拨借的

①中南化学厂即中南工业公司天津化学厂原为裕民酿酒厂。该厂在东于庄和席厂村之间，门临平津公路，背着北运河与西沽村隔河相望。从小王庄北去或自北洋大学回来的人老远便可看到一座高楼耸峙，目标极为明显，那便是裕民酒厂的烤麦楼。七七事变爆发，华北沦陷，酒厂被日本人强迫购买，改名为裕民。民国三十五年（1946年）底，裕民被列入处理局标卖名单之中，由西安中南工业公司得标，改名为中南工业公司天津化学厂。

图2-34　新建教员宿舍

楼房、大厦两处加以改造，作为学生宿舍，可容纳100人住宿[1]347，[16]。在复校后的一年多时间里，学校又新修了浴室，整理和新建了一批实验室和实习工厂，如化学实验室、测量实验室、水力实验室、试验电台、热工实验室、材料力学实验室、航空实验室等；新建了机械实习工厂，内设木工、钳工、焊工、机工、铸工、锻工等六个车间和一个汽车修理部，可同时容纳180名学生进行实习[1]348（图2-35）。

1948年9月12日，辽沈战役打响，华北局势动荡，国民党政府教育部下令要求北洋大学南迁，北洋大学学生自治会在中共地下党的领导下进行了反南迁斗争，最终取得胜利，将完整的北洋大学校园留给了新中国。

复校后的西沽校区虽然修复、新建了很多教学、实验用房，但也没能彻底解决学校面临的教工及学生宿舍紧缺难题。校务委员会在1949年至1950年展开第一次宿舍分配调

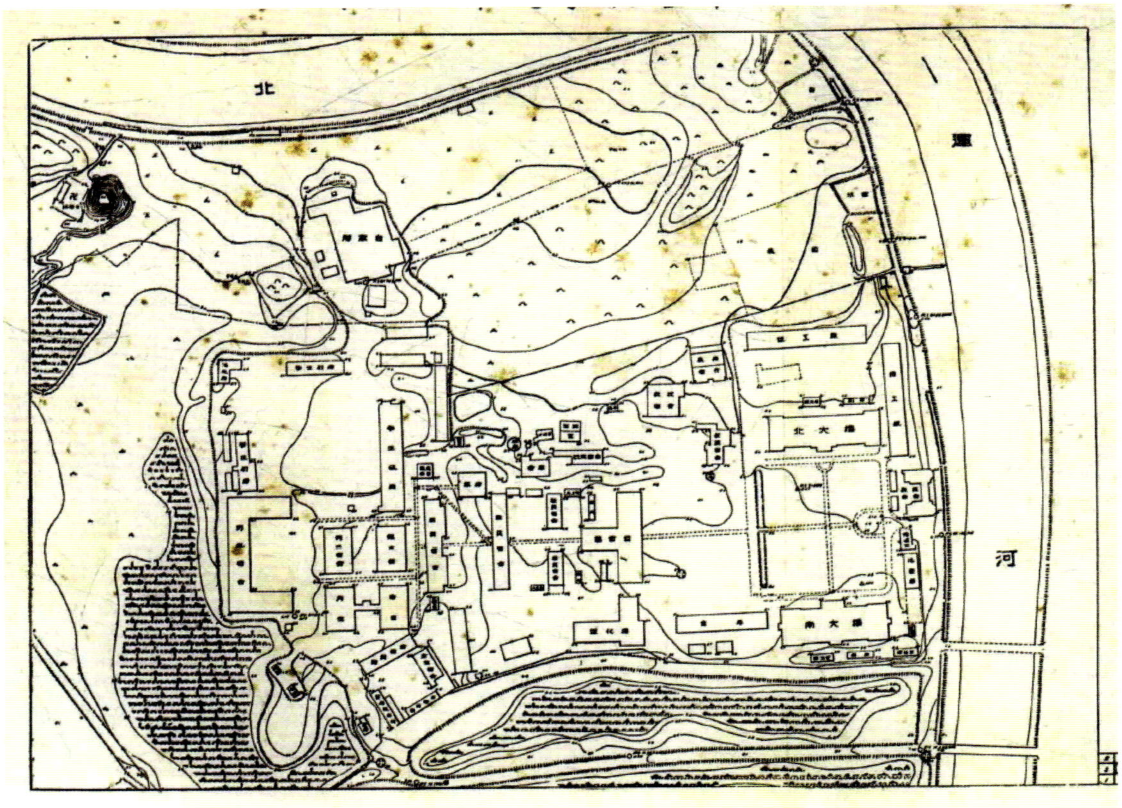

图2-35　1948年西沽校区校园总平面图

整工作，对校区内的建筑进行大范围的功能更换，将一些实验室、各系办公室收回改成了教工及学生宿舍，把学生宿舍匀出作助教宿舍。1950年继续做第二次宿舍分配调整工作，使得校舍分配更加合理[17] 12。1951年规划在校后区建设教授宿舍区，有步骤地分期增建北洋校舍[17]5，与此同时，计划新建一栋两层的教学实验楼来缓解教学空间缺失的情况。

调整后的西沽校区依旧校舍紧张，仅能勉强满足基本的教学生活需求。由于战争使围院遭到破坏，校园空间布局发生了根本性改变。在校园东北角的北大楼北侧，新建了锻工厂和教授宿舍，强化了以南、北大楼为主的南北向校区副轴线；之前围院内的大量建筑被改作教工及学生宿舍，造成了教学科研空间的缺失，这一状况在校前区新建及拨归了教研建筑后得到缓解。此时校园建筑功能分区可分为两大部分：图书馆及其以东主要为教学科研区，图书馆以西为教工及学生的住宿生活区。其中，学生住宿生活区和教学科研区中间由职工住宿生活区作为过渡，最西侧的学生住宿生活区也分成了南侧的住宿区和北侧的生活服务区。这样的功能分区和此前几个阶段的功能布置截然不同，产生了本质性变化。学生的生活区和教学区完全分开，不再像之前那样与教学科研区相邻并有所交叉。

总体而言，从1946年到1952年，北洋大学西沽校区以修葺、整理为主，新建建筑较少，规划的建筑修建工作也未能实施，主要是为了走出战后校舍紧张、功能不足的窘境，抗战胜利复校后，始终没走上建设的大道[17] 5(图2-36)。

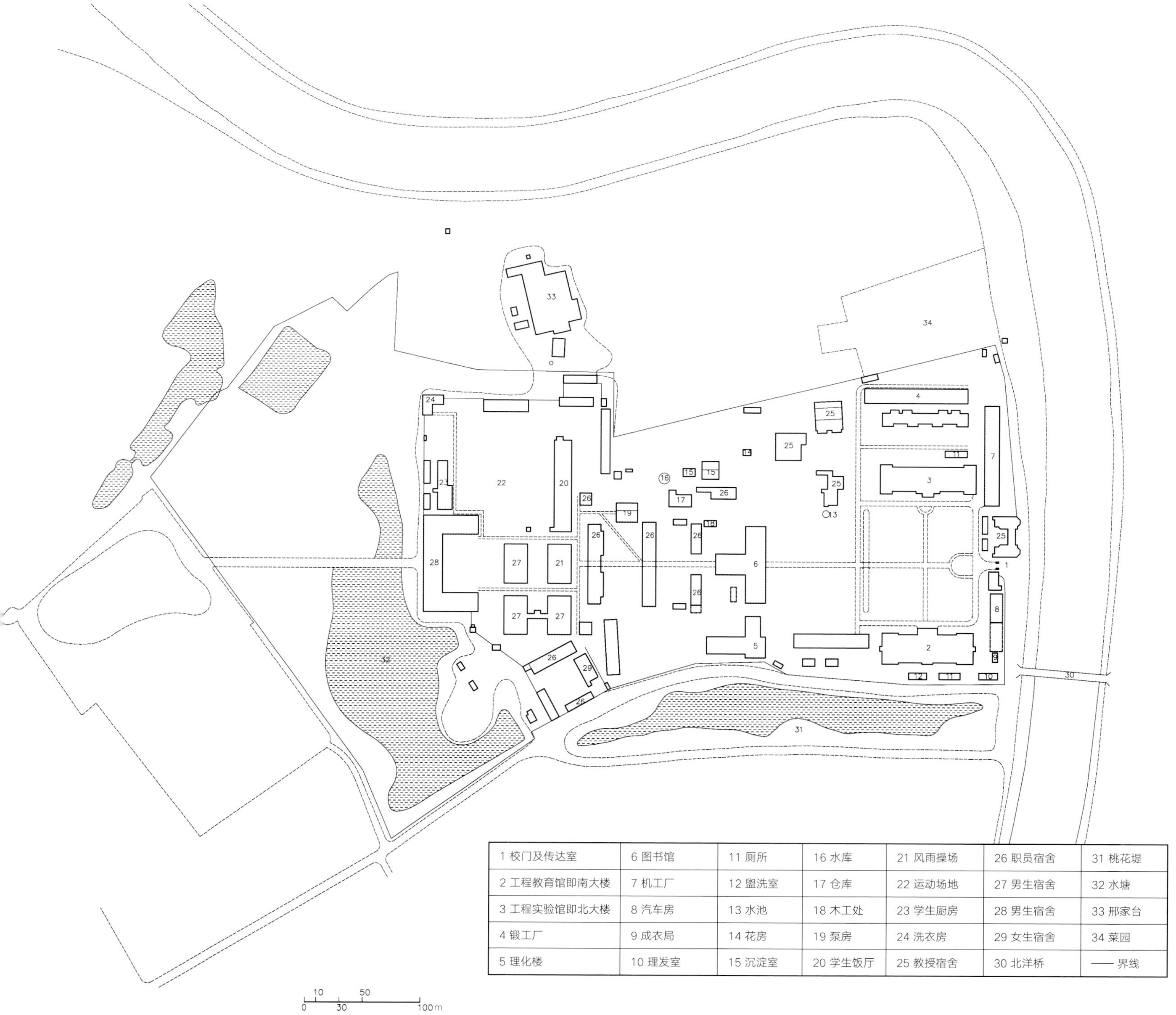

1 校门及传达室	6 图书馆	11 厕所	16 水库	21 风雨操场	26 职员宿舍	31 桃花堤
2 工程教育馆即南大楼	7 机工厂	12 盥洗室	17 仓库	22 运动场地	27 男生宿舍	32 水塘
3 工程实验馆即北大楼	8 汽车房	13 水池	18 木工处	23 学生厨房	28 男生宿舍	33 邢家台
4 锻工厂	9 成衣局	14 花房	19 泵房	24 洗衣房	29 女生宿舍	34 菜园
5 理化楼	10 理发室	15 沉淀室	20 学生饭厅	25 教授宿舍	30 北洋桥	—— 界线

图2-36　1951年西沽校区校园总平面图

西沽校区经历了50年的发展，规模逐步扩大、功能不断完善、建筑布局日趋有序。在这个发展过程中，校园空间逐渐由传统封闭的院落式布局转变为现代开放的广场式布局，校园整体空间逐渐变得统一（图2-37）。这一发展过程，一方面存在某些阶段无规划控制下按需建设的偶然性，另一方面也有美国校园规划思想传入并影响规划走向的必然性，是一种从无序中的偶然到有序中的必然的校园空间演变过程。

第二节　校园建筑

从1902年到1952年，除了1937年至1946年西迁以外，近40年时间北洋大学（国立北洋工学院）是在西沽校区度过的。西沽校园的发展建设见证了北洋大学（国立北洋工学院）的兴衰。几经沧桑，原北洋大学西沽校区现为河北工业大学老校区东院，保留至今的北洋大学时期的建筑已为数不多（表2-4、图2-38）。

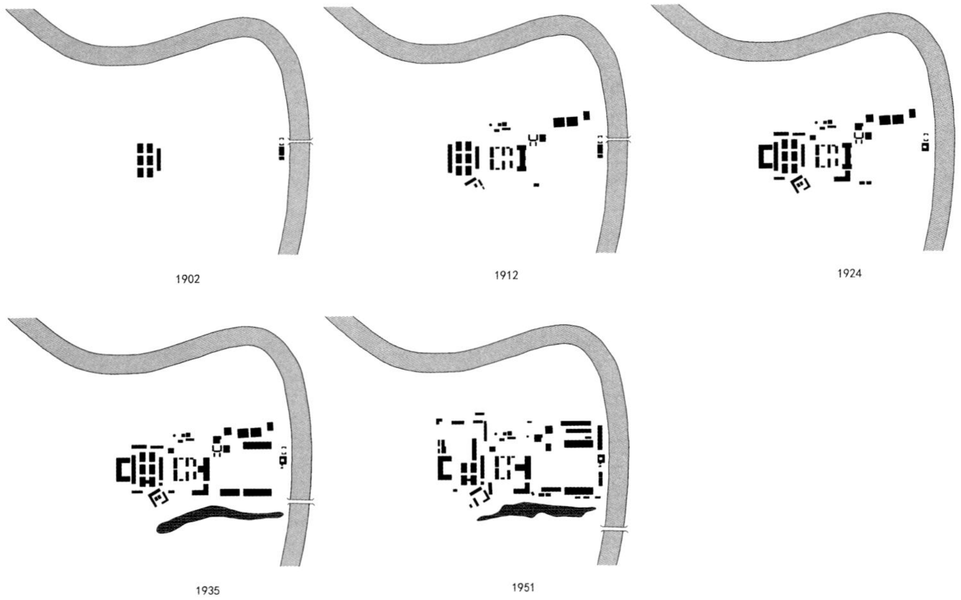

图2-37　1902—1951年西沽校区校园建设示意

表2-4　2019年原北洋大学西沽校区建筑遗存

	名称	建设时间	功能	现用途
1	团城	约1918年	初为自来水净化场所，后改为教授宿舍	
2	南大楼（工程学馆）	1931年始建 1933年建成使用	教学科研	第三教学楼兼做校史馆
3	北大楼（工程实验馆）	1935年秋始建 1936年春建成		第五教学楼
4	东大门	1935年前后移建 1946年后改建	校门	
5	教授宿舍	1947年	宿舍	

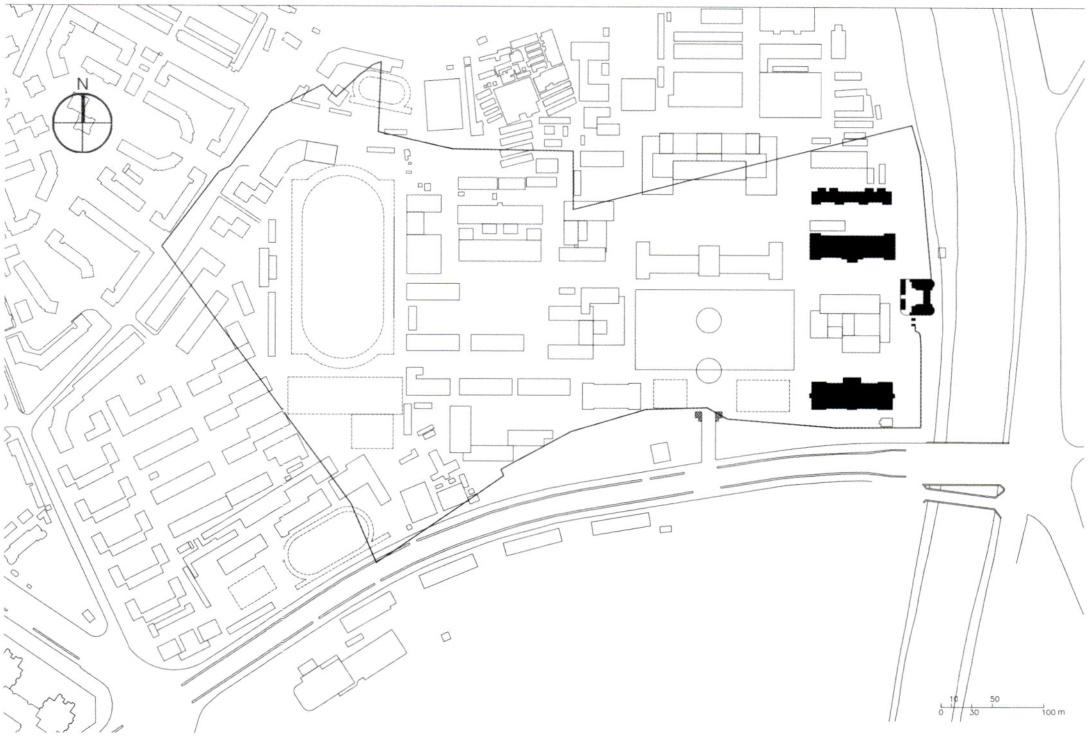

图2-38　2019年河北工业大学老校区东院总平面图（黑色为北洋大学时期的建筑遗存）

2005年，现存的北洋大学堂旧址，包括团城、南大楼、北大楼等，被评为首批天津市历史风貌建筑。2013年这些建筑成为全国重点文物保护单位。

1. 教学大楼

教学大楼时名工矿试验室，是用丁家立从德国索回的赔偿金五万两白银修建的，于1903年4月建成[18]。房屋占地面积约2111平方米（19000平方尺）[19]，为欧式建筑，气势宏伟，大楼正面中央拱门门额上方镶嵌双龙徽雕，龙徽下方镶嵌有金光闪闪的“北洋大学堂”五个大字。因此该楼有龙牌大学堂之称[20]，或称“龙楼”。大楼中央顶部为一座四面钟楼，内有当时天津唯一的一座标准钟，大钟钟声嘹亮，传播很远[19]。建筑平面轮廓呈H形，东西朝向，南北长约80米（240尺），东西宽约27米（80尺），高约16米（48尺）[1]153；为砖木结构，除地下室外分上下两层[21]（图2-39）。“内分延接室、教员预备室、庶务办公室、水力机室、材料实验室、地质学讲堂、地质标本陈列室、试金材料室；楼上有制图室六、讲室一、晒图室一、制图仪器材料存储室一、制图事务员办公室一。”[6]11首层的北部主要是材料实验室和水力实验室，南部全为标本陈列室，内藏很多矿冶地质标本、化石等。楼上全部是绘图教室，十分明亮幽静[21]29。

1929年，教学大楼发生火灾，“起火处在楼之西北端（图书室），火自楼上先起，向南燃烧”[22]，起火原因不明。起火时全校师生正在室内体操场举行毕业欢送活动。起先由校工用校内消防器救火，因火焰“发自大楼之二层天花板上，距离地面高四十余尺，消防器气压太小，水力不足，楼身又高，大楼所用材料均是木材，遂致火势极速蔓

图2-39　教学大楼

延”[23]。同时市消防队闻讯赶去，但因“校外东侧阻于北运河，西侧阻于大红桥①不易过，费时很久”[22]，赶到时大楼已烧尽，烧去了图书室、水力机室、材料实验室、地质标本陈列室、图书室及正中钟楼[24]。

2. 团城

团城位于校园东隅，濒临北运河西岸，占地面积939.42平方米，通长30.7米，通宽30.6米。团城为砖木结构平房，青瓦坡顶，建筑外立面为青砖墙面，团城外墙上装饰有雉堞，房间内设有壁炉，院子正门在南侧（图2-40~图2-42）。

团城初建于1918年左右，用作教授宿舍和办公用房。中华人民共和国成立初期，曾任北洋大学副校长、河北工业大学首任校长的潘承孝的办公室就在此处[25]。

3. 南大楼

南大楼即工程学馆，由谭全甫负责工程设计，于1931年3月底动工[26]，1933年建成（图2-43）。

图2-41　团城入口

图2-42　团城内景

图2-40　团城

图2-43　新建成的南大楼

①大红桥系用船只拼凑，平时载重车辆往返即觉颠簸倾侧，救火车辆较为笨重，数次试开，均以重量过大、浮桥难载，不能驶到火场。

南大楼为三层砖混结构楼房，占地面积约为1900平方米，建筑面积约为4900平方米。建筑外立面为红砖墙面，使用德国进口建材。建筑东西长77.6米，南北宽24.5米[27]，布局对称，体形简洁大方。该楼现为河北工业大学第三教学楼，其一层为校史馆，入口门廊上尚存有“北洋工学院”的字样（图2-44）。

图2-44　南大楼现状

4. 北大楼

北大楼即工程实验馆。当年由于学校教学建筑不敷分配，校务会议议决于东北侧教员宿舍前的花园空地建工程实验馆，专为陈列模型标本仪器使用[28]。北大楼始建于1935年，1936年春建成[10]403-412 。

建筑占地1566平方米，由申泰兴记营造厂承办工程建设，建设费用共计11500元[28]。建筑为三层砖混结构，建筑布局对称，体形简洁大方，建筑外立面为红砖墙面，均使用德国进口建材（图2-45）。大楼入口处设有六角形门厅，楼道向两侧延伸，楼内房屋共计55间。大楼曾为学校行政、教学、科研活动的中心[29]。

北大楼主要为工科院系所在，曾用作学生宿舍[29]，现为河北工业大学第五教学楼。入口大门上牌匾“北大楼”字迹剥落，建筑顶部有修整痕迹，门口立有两根残缺的灯杆（图2-46）。

图2-47和图2-48展示了以上校园建筑的风貌。

图2-45　北大楼

图2-46　北大楼现状

图2-47　南大楼、团城和北大楼

5. 其他

（1）东校门

西沽校区的正门始终位于校园东端，紧邻北运河。由于西沽校区是在原西沽武库的基础上修建而成的，因此最初的校门也是利用西沽武库的原大门，位于武库中轴线最东端团城的北侧。1935年前后，学校将东大门移至团城南侧，正对校园的东西中轴线。此校门在日军占领时期遭到毁坏，复校后东大门重建。新校门是典型的Art Deco（装饰派艺术）风格，比例尺度优美，装饰线条丰富，具有极强的现代感，不失为一个高水平的大门建筑（图2-49、图2-50）。

（2）北运河与北洋桥

北运河是海河的支流，由通州流至天津注入海河。北运河流经西沽校区的北面和东面，是校区东、北两方天然的边界。原西沽武库东大门外有小木桥跨北运河通达校外。20世纪20年代以后，小桥损毁，进出校园只能靠摆渡船（图2-51）。1931年重修北洋桥，但位置发生变化，建在校园的东南角，正对校园内南侧的桃林路。北洋桥为木质结构桥[21]306，1931年4月竣工并举行落成典礼[12]。

抗战期间，北洋桥再次被毁，1946年复校时再次重修，位置南移至校园以外。桥西头正对校园外林荫大道，桥东头正对平津汽车路（图2-52）。此桥后来日渐成为北运河东西往来之通道，每日经过载重车不下数十辆，后因年久失修已临危险阶段，学校向工务局函请修桥，但因局方经费不足，一时无法修建，只能先拆除邻近的废木桥做简单修补[30]。现北洋桥是在原址上修建的钢筋混凝土桥梁。

图2-48　西沽校区北大楼、团城、校门、南大楼全景

图2-49 东校门，1951年

图2-50　东校门现状

图2-51 西沽校区东门前北运河渡口

图2-52 南大楼、北运河与北洋桥

（3）桃花堤

最早的桃花堤位于校区西边，从西沽村北上，延伸到丁字沽，途经北洋大学西侧，堤岸两边种满桃花，1927年前后被称为桃花大道。此时在西沽村以北，大学校区以南的堤坝附近，栽有大面积的桃林，并与西侧的桃花大道相连。1935年以后的校园地图上在校园南侧都标示有一堤坝，堤坝北侧校园内有一条道路名为桃林路。因此，1935年确定的天津大学（北洋大学）校歌中所唱的“花堤蔼蔼”当指校园南侧的桃花堤。

在1948年解放天津的战役中，城防的布置使桃花堤遭到严重破坏。至1950年，桃花堤已有名而无实。1985年，桃花堤恢复重建，但位置发生了改变。原来在校园西面的桃花堤（桃花大道）成为现在的丁字沽大街，南侧的桃花堤成为西沽公园，新的桃花堤改在了校园东侧、北运河西岸。

参考文献

[1] 北洋大学—天津大学校史编辑室.北洋大学—天津大学校史（一）[M].天津：天津大学出版社, 1990.

[2] 杨奎明.述本校之建置及其历史.北洋大学校季刊[J].1915: 12.

[3] 潘懋元，刘海峰.中国近代教育史资料汇编　高等教育[M].上海：上海教育出版社，2007: 417-423.

[4] 北洋大学新校舍落成[N].益世报(天津版),1923-09-04(11).

[5] 北洋大学之新建筑计费六万余元[N].时报,1923-08-30(4).

[6] 国立北洋大学校务委员会. 国立北洋大学校一览[M]. [出版地不详]：[出版者不详], 1924: 11-13.

[7] 朱有.中国近代学制史料: 第3辑 下[M]. 上海：华东师范大学出版社, 1992: 152-159.

[8] 林继庸.学校调查国立北洋大学[J].少年世界(上海1920),1920，01(3): 16-28.

[9] 王兴杰. 第一次中国教育年鉴[M]. [出版地不详]：[出版者不详], 1934:67.

[10] 北洋大学—天津大学校史编辑室. 北洋大学—天津大学校史资料选编（一）[M]. 天津：天津大学出版社，1991.

[11] 北洋大学建设初步,修桥工作开始预计两月完成,桥工告竣即可着手兴筑[N].益世报(天津版),1931-01-24(6).

[12] 北洋大学木桥今日举行落成典礼[N].大公报（天津），1931-04-06(7).

[13] 国立北洋大学将新增校舍[N].新闻报,1947-03-22(7).

[14] 姚萧.建修琐闻[J].北洋周刊,1947(3):1.

[15] 冰磐.工厂介绍:中南工业公司天津化学厂[J].工业月刊(西安),1947，4(12):19-20.

[16] 北洋大学租妥学生宿舍[N].大公报(天津),1948-03-02(5).

[17] 北洋大学—天津大学校史编辑室.北洋大学—天津大学校史资料选编（二）[M].天津: 天津大学出版社, 1996.

[18] 李书田.五十二岁的北洋大学[J].北洋周刊,1947(4).

[19] 天津大学建筑工程学院. 中国第一所大学工程学门绵亘图录[M]. 天津：天津大学出版社. 2015：34.

[20] 左森，胡如光. 回忆北洋大学[M]. 天津：天津大学出版社，1989:155.

[21] 杨渝钦. 莘莘学子母校情[M].天津：天津大学出版社，2005.

[22] 北洋大学失火纪详[N].益世报(重庆版),1945-09-23(3).

[23] 北洋大学正面大楼可怜一炬成焦土[N].大公报(天津),1929-04-02(11).

[24] 北洋大学失火损失不下百万[N].中央日报,1929-04-03(4).

[25] 王杰，张世轶. 北洋大学与天津（第三辑）[M]. 天津:天津大学出版社，2019:11.

[26] 寒山.新大楼建筑之经过[J].北洋周刊,1932(38):21-23.

[27] 谭真,李荣梦,李富国.北洋大楼建筑工程概要[J].北洋周刊,1932(38):23-28.

[28] 北洋大学建工程实验馆,昨日起开始动工[N].益世报(天津版),1934-08-19(6).

[29] 李秀民,王葳.我们从北洋走来——北洋大学校友口述录[M]. 天津：天津大学出版社, 2015.

[30] 津北洋桥失修工务局决暂补掇[N]. 益世报(天津版),1947-06-13(4).

图片来源

图2-1、图2-3、图2-5、图2-7、图2-13、图2-14、图2-15、图2-16、图2-17、图2-30、图2-35、图2-39、图2-48、图2-49、图2-51：天津大学建筑工程学院.中国第一所大学工程学门绵亘图录[M]. 天津：天津大学出版社，2015

图2-2：1908年出版的光绪三十四年《北洋大学堂现行一览》，张世轶提供

图2-4、图2-6、图2-9、图2-19、图2-20、图2-21、图2-22、图2-23、图2-24、图2-25、图2-26、图2-43：天津市档案馆.1932年毕业纪念册

图2-8、图2-10、图2-11：国立北洋大学校务委员会. 国立北洋大学校一览，1924

图2-12、图2-31、图2-52：国立北洋大学校务委员会. 国立北洋工学院二十三年班毕业纪念册，1934

图2-18：伯超.天津北洋大学被焚之残楼[J].大亚画报,1929（154）:1

图2-27、图2-28、图2-40：中国第一历史档案馆，天津大学. 中国近代第一所大学——北洋大学（天津大学）历史档案珍藏图录[M]. 天津: 天津大学出版社, 2005

图2-29、图2-45：天津市档案馆

图2-32：北洋大学木桥今日举行落成典礼[N].大公报（天津），1931-04-06（7）

图2-33：张世轶提供

图2-34、图2-41：李德新、叶青拍摄

图2-36、图2-37、图2-38：李响绘制

图2-42、图2-44、图2-46、图2-50：宋昆拍摄

图2-47：孔德博、韩轩拍摄

第三章　抗战西迁时期的校园与建筑（1937—1946）

第一节　校址的迁移

1937年7月30日，天津被日军占领。9月10日，国民政府教育部下令将北洋工学院与北平大学、北平师范大学、北平研究院等院校迁往西安，成立国立西安临时大学。1937年至1946年，北洋工学院在这九年多的时间中，颠沛流离，几经辗转，曾陆续在不同的地方复学（图3-1、表3-1）。

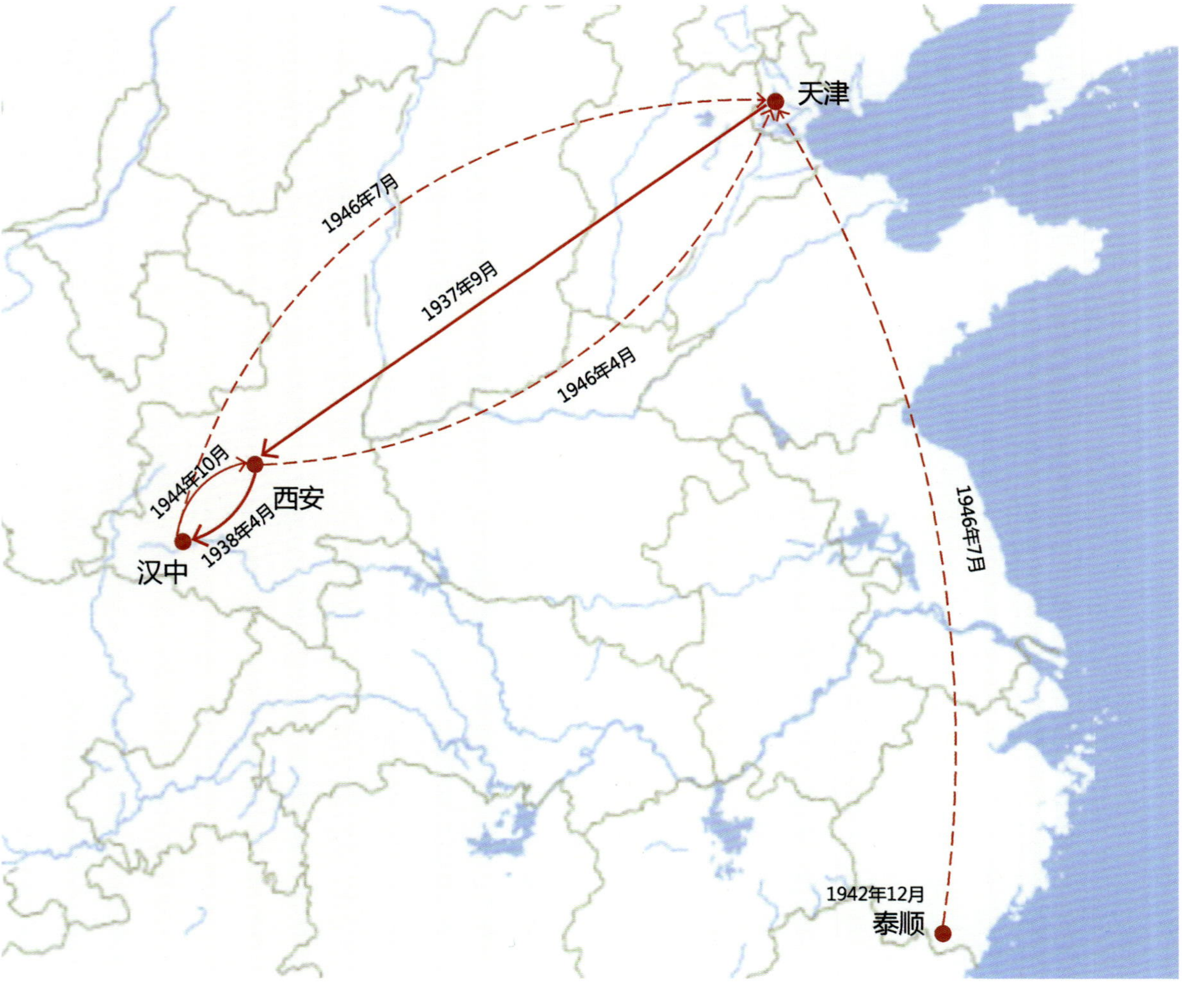

图3-1　国立北洋工学院抗战时期迁移路线图

表3-1 1937—1946年北洋工学院办学状况

时间	名称	地点	返津时间	备注
1937 年 9 月 10 日后	国立西安临时大学	陕西西安城小南门外东北大学（今西北大学校址）内		以北平大学、北平师范大学、北洋工学院和北平研究院等院校为基干
1938 年 4 月	国立西北联合大学	陕西汉中城固县		西安临时大学因战事南迁，后改名为西北联合大学
1938 年 7 月	国立西北工学院	陕西汉中城固县古路坝村	1946 年 7 月部分师生	工学院独立，由北平大学工学院、东北大学工学院、北洋大学工学院和私立焦作工学院组成，北洋工学院为其中的主体
1942 年 12 月	国立北洋工学院（泰顺）	浙江泰顺县百丈口镇	1946 年 7 月	国民政府将浙江省立英士大学改为国立英士大学，其工学院划出独立，并以北洋校友捐款补助该院，定名为国立北洋工学院。学生赴天津北洋大学，设备留还英士大学
1944 年 10 月	北洋工学院西京分院	陕西西安	1946 年 4 月	李书田筹建，初在梁府街（今青年路）租房上课；后迁至崇廉路（现东七路），在一块空地上建起教室

第二节　校园建筑

1. 国立西安临时大学

西安临时大学的校址分散在三处，分别称第一院、第二院、第三院。第一院在西安城隍庙后街4号，为校本部；第二院在小南门外东北大学，为工学院和数学系、物理系、化学系、体育系；第三院在北大街通济牌坊，为法商学院、农学院、医学院和教育系、生物系、地理系。学校教舍分散、狭小，没有图书馆、体育场，教学条件十分简陋。教师分散借住于全市各处。学生借住的宿舍，都是大通间，内放上下铺的架子床[1]235。

2. 国立西北联合大学

1938年3月，西安临时大学因战事继续南迁至陕西汉中城固县。4月3日，教育部发布《平津沪地区专科以上学校整理方案》，令国立西安临时大学改名为国立西北联合大学。4月10日，经校常务委员会第24次会议决定，将全校分置在三县六处。校本部设在城固县城内的考院和文庙。在考院的大影壁上书写着“国立西北联合大学”八个大字（图3-2）。在校本部有工学院、理学院、文学院及师范学院。商学院在城固县西郊，医学院在汉中，农学院在沔县（即勉县），工学院土木系二、三、四年级及地理系和体育系，还有西北联合大学高中部在城固县古路坝意大利天主教堂之部分堂舍等临时校舍上课[2]。

图3-2　陕西汉中城固县城内考院的大影壁，1938年

3. 国立西北工学院

1938年7月，北洋工学院与北平大学工学院、东北大学工学院、私立焦作工学院联合成立国立西北工学院。古路坝教堂原拨给西北联大的全部堂舍除西北师院附中（即原西北联大高中部）占用一个四合院楼房外，其余均划归为西北工学院校舍[2]。校舍包括20间内置课桌及条凳、可以提供上课之用的大教室，数座可以用来办公和住宿的砖瓦楼房，1座可以提供教授住宿的两层高老人院（内有房间20间），数十间可以作为实验室、教职工宿舍及食堂的平房，以及1座可供开会及图书阅览的小教堂[1]258-259。另外，学院师生又用松木做屋架、竹笆做屋顶，在院外修建了一些教职工宿舍和低年级学生简易宿舍，修建了体育场等，使得古路坝校区的功能得以完善。西北工学院与教堂分别建有围墙，各成院落，互相之间不会干扰[3]（图3-3~图3-10）。

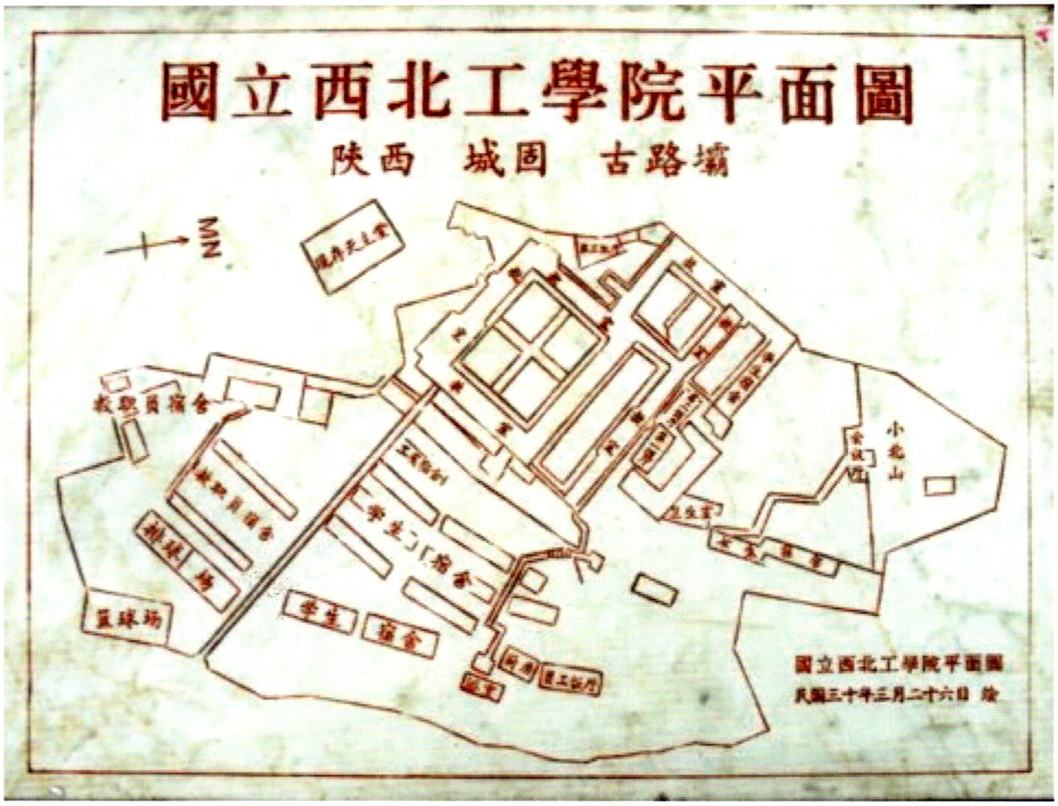

图3-3 国立西北工学院古路坝校园总平面图，1941年

图3-4　国立西北工学院古路坝校址建筑

图3-5　国立西北工学院古路坝校址大门

图3-6　国立西北工学院古路坝校园全景，1945年

图3-7 国立西北工学院古路坝校址——天主堂

图3-8　国立西北工学院古路坝校址临时学生宿舍

图3-9　国立西北工学院古路坝校址教室及学生宿舍

图3-10　国立西北工学院古路坝校景

1939年元月工学院爆发学潮，李书田带领北洋师生于四川复校未果，回陕西后与其他三院校学生分地上课，北洋学生二、三、四年级在城固县龙头寺上课，一年级在七星寺上课[2]。

4. 国立北洋工学院（泰顺）

1942年12月，国民政府行政院第606次会议决定，将原浙江省立英士大学升格为国立英士大学，将英士大学工学院划出，独立为国立北洋工学院[1]266。1943年夏，北洋工学院在浙江省泰顺县百丈口镇复校。校址位于百丈口镇对面的山坡上，与百丈口镇隔河（山溪）相望（图3-11），中间有一座用竹子和木桩搭起来的人行便桥。在校舍方面，教室是土墙、木架、草顶搭起来的简陋土房，教室地面是天然土地，没有水泥地面，也没有砌砖铺面，虽然有窗框，但没有玻璃，一遇斜风雨，教室里水流遍地，地面泥泞难以下脚。另外不知从哪里买来了几座装稻谷用的大谷仓，作为一部分学生宿舍。学生白天上课、温习功课和晚自习都在低矮的土墙教室中进行[4]。

5. 北洋工学院西京分院

1936年1月3日，时任陕西省政府主席的邵力子向国民政府行政院提议将国立北洋工学院西移至西安，以之为西北地区大学之基本。当年冬，因华北情形危机，李书田亲自赴陕勘定西京分院院址。邵力子正式拨赠2万平方米（30亩）土地作为分院院址，李书田曾向教育部请款略建西京分院校舍未果。

1944年，北洋复校委员会在西安成立，得到北洋校友的支持，北洋工学院西京分院成立[5]（即北洋西安分院）。

分院起初借用培华女职校的房屋上课，还在梁府街租房上课。1945年暑假，西京分院迁至崇廉路新建校舍，校址在北大街与崇廉路交口处。分院在北大街东侧的一块空场上盖了教室，但仍十分简陋[6]。校园为十几间平房组成的大院，教室、宿舍距离很近，校舍和设备因条件所限极为简陋。教室与崇廉路及北大街之间留有空地，以备扩建之需。

抗战胜利后，1946年初，北洋工学院西京分院师生在李书田的带领下返津复校，经陕西省教育厅联系，房产以900万元的价格转让给师范专科学校。李书田和师生途经韩城、禹门口、临汾、太原、石家庄、北平，历时14天跋涉，顺利返津，开启了北洋大学的复校工作。

参考文献

[1] 北洋大学—天津大学校史编辑室. 北洋大学—天津大学校史（一）[M]. 天津：天津大学出版社, 1990.
[2] 马恩春. 抗日战争初期的北洋工学院[M] //杨慧兰. 天津大学（北洋大学）百年办学回顾　世纪记往. 天津：天津大学出版社, 2000: 21-22.
[3] 范子昌. 西工忆往学子梦[M] //李秀民, 王葳. 我们从北洋走来——北洋大学校友口述录. 天津：天津大学出版社, 2015: 15-20.
[4] 吴恒安. 泰顺北洋生活片段[M] //左森, 胡如光. 回忆北洋大学. 天津：天津大学出版社, 1989: 76-77.
[5] 潘承孝. 回忆抗战时期的北洋西北工学院片段[M] //杨慧兰. 天津大学（北洋大学）百年办学回顾　世纪记往. 天津：天津大学出版社, 2000: 22-23.
[6] 程秉元. 北洋西京分院的苦与乐[M] //左森，胡如光. 回忆北洋大学. 天津：天津大学出版社, 1989: 78-79.

图片来源

图3-1：天津市测绘院提供
图3-2：抗战烽火中的教育圣地[N].三秦都市报,2015-08-18.
图3-3：刘建平. 我的天大日记[M]. 天津：天津大学出版社，2016.
图3-4、图3-6：刘凤山，刘建平. 向海而行：北洋大学—天津大学建校120周年征文集[M]. 天津:天津人民出版社，2015.
图3-5、图3-8、图3-9、图3-10：天津大学校史馆提供
图3-7：杨慧兰. 世纪记往[M]. 天津：天津大学出版社, 2000.
图3-11：陈圣格提供

图3-11　泰顺国立北洋工学院旧址——百丈口镇东岸村

第四章　七里台校区的校园空间与建筑（1952年至今）

第一节　校园空间演变

1. 初步建设时期（1952—1956）

1949年10月中华人民共和国成立始至1952年底，是国民经济恢复时期。长期战乱之后的新中国百废待兴，各行各业都面临着恢复与调整，新中国大规模建设迫切需要大批高等工业技术人才。1950年6月，中央人民政府教育部召开了第一次全国高等教育会议，讨论确定了新中国高等教育工作的方针任务，并根据“以培养工业建设人才和师资为重点，发展专门学院，整改和加强综合性大学”的方针，开始酝酿对现有的高校进行调整合并工作。

1951年9月，按照教育部要求，北洋大学与河北工学院合并，定名为天津大学。并校后的校园分为两处，原北洋大学的西沽校区为北院，原河北工学院的黄纬路校区为南院。

新大学成立初期，受校舍条件所限，还须分地上课。附设的工业学校在原河北工学院的黄纬路校区发展；纺织工程系各年级和化工、机械、电机、水利等系的一年级暂在黄纬路校区上课；北洋纺织实习厂的机械及纺织试验仪器移至黄纬路校区的纺织厂内；其他相关的教学设施以及厂房、实验室、教室等各项用房的调配方案也均确定，待西沽校区东南侧的北洋桥建成，就进行了搬运工作[1]。1951年9月26日，天津大学的开学典礼在南院大礼堂举行（图4-1）。

1951年11月，教育部召开全国工学院院长会议，拟定工学院调整方案，开始了全国范围高校的院系调整工作。同时开始商议天津市三所大学（天津大学、南开大学、津沽大学）间的院系调整以及天津大学迁新校址的问题。1952年1月15日，天津大学校务委员会主席刘锡瑛在校务委员会上传达了教育部对天津三所大学院系调整的决定，同时宣布了天津大学的校址将迁至城南六里台至八里台之间（后称“七里台”）。之所以需要迁址，一是因为调整合并后天津大学的校址不集中，不利于人才交流、彼此观摩；二是因为天津大学的西沽校区所处位置不符合将此地作为工业区的城市发展规划。按计划要求，在当年暑假前先建设能容纳三千人（学生）的校舍，并决定先搬机、电、化三系，翌年西沽校区全部搬出。同时成立了建校计划委员会，预估各系的实验室面积、教师及其眷属人数等，以便估算建筑材料，并在1月20日前呈请中央财政委员会拨料。

1952年2月，教育部副部长曾昭抡来天津视察，在天津

图4-1　天津大学成立暨开学典礼大会

三所大学的院系调整委员会筹委会和调委会基建委员会的陪同下，亲临天津大学七里台基建现场进行勘查，并当场确定了天津大学七里台校区的范围，即北起南开大学北院南界，南至南开大学本校北界，东至卫津河，西至西大坑，并要求立即组织勘测并申报拨地[2]。申报后，天津市土地管理局拨给天津大学使用的土地面积为2507.337市亩（含1671558平方米）（图4-2）。拨地范围内有一部分为保留的计划用地（包括西大坑和现鞍山西道学湖里小区），须先将地上问题妥善处理后始准使用①。当月，土木系师生冒着雪后严寒到建校基地进行了导线测量和水准测量，并随后绘制了比例为1：2000的平面总图。实际勘定校区土地面积1977亩（1.318平方千米），其中水塘面积为0.245平方千米[3]74。

1952年3月，由天津市政府文教委员会牵头成立了天津三所大学院系调整委员会（以下简称“调委会”），负责天津大学、南开大学和津沽大学三所大学间的院系调整工作。调委会下设四个组：人事调配组、物资调配组、综合大学调配组以及工程建设组。其中，工程建设组由潘承孝负责。天津大学七里台新校区的建设任务下达后，调委会工程建设组立即组成了以原津沽大学建筑工程委员会为核心的调委会基建委员会，潘承孝为主任，下设设计组、工程组和材料组三个工作小组，开始了天津大学新校区的建设工作。

3月23日基建委员会下达了第一批设计图纸任务，要求设计教职工宿舍及学生宿舍等，设计建筑面积约15000平方米。当时的设计要求为：①严格控制下达设计面积及预算指标；②统一构造方法；③统一结构计算准则；④关于标准化的要求，包括开间、层高尺寸、标准门窗与施工说明；⑤贯彻节约精神，反对铺张浪费；⑥提出合理化建议和设计技术革新；⑦要求各小组通力协作，按期完成任务；⑧讲求图纸高质量，减少错、漏、碰、缺。

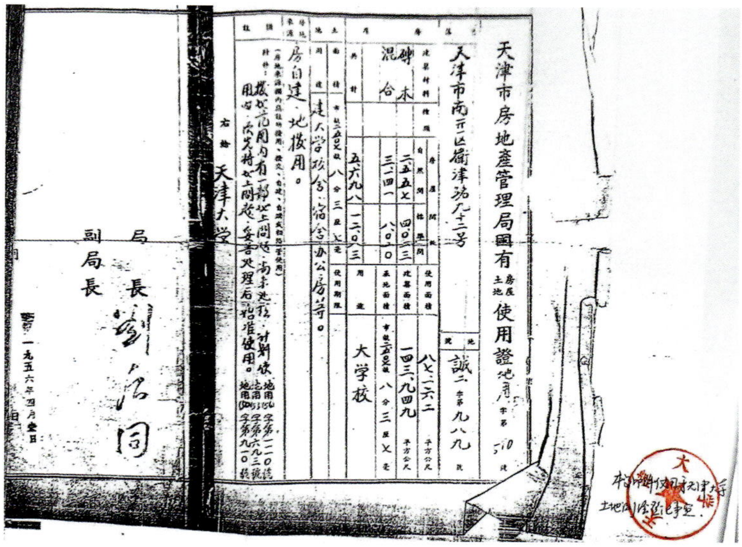

图4-2　天津大学七里台校区土地房产使用登记证

此前的七里台地处荒郊野外，是一片荒凉的沼泽地，只有日本侵略军留下的破马棚和砖窑取土坑、水坑数处[3]74，南侧有南开大学的数幢建筑（图4-3）。任务下达后，各设计小组成员在教师指导下干劲十足，有的同学为完成任务连续工作40个小时不下岗。在师生的共同努力下只用17天即完成了第一批设计图纸，主要包括职工甲、乙、丙、丁型住宅和学生宿舍等。这次设计工作为以后的设计工作积累了经验，也摸索到一套较熟练的设计方法。

当月，设计组就提出了七里台校区的初步总体规划方案，并邀请有关各系、实验厂室对规划方案进行讨论。由于天津大学七里台校区所处地域场地条件的限制，天津大学的校门只能沿卫津河向东开，这使得设计组在校园规划设计方面产生了分歧。一种方案是校区内建筑物面朝校门，布置成东西朝向。这样布局的好处是一进校门就能感受到一种宏伟

①天津市房地产管理局，天津大学1956年核发土地证。此处内容根据李金甫老师回忆内容整理。

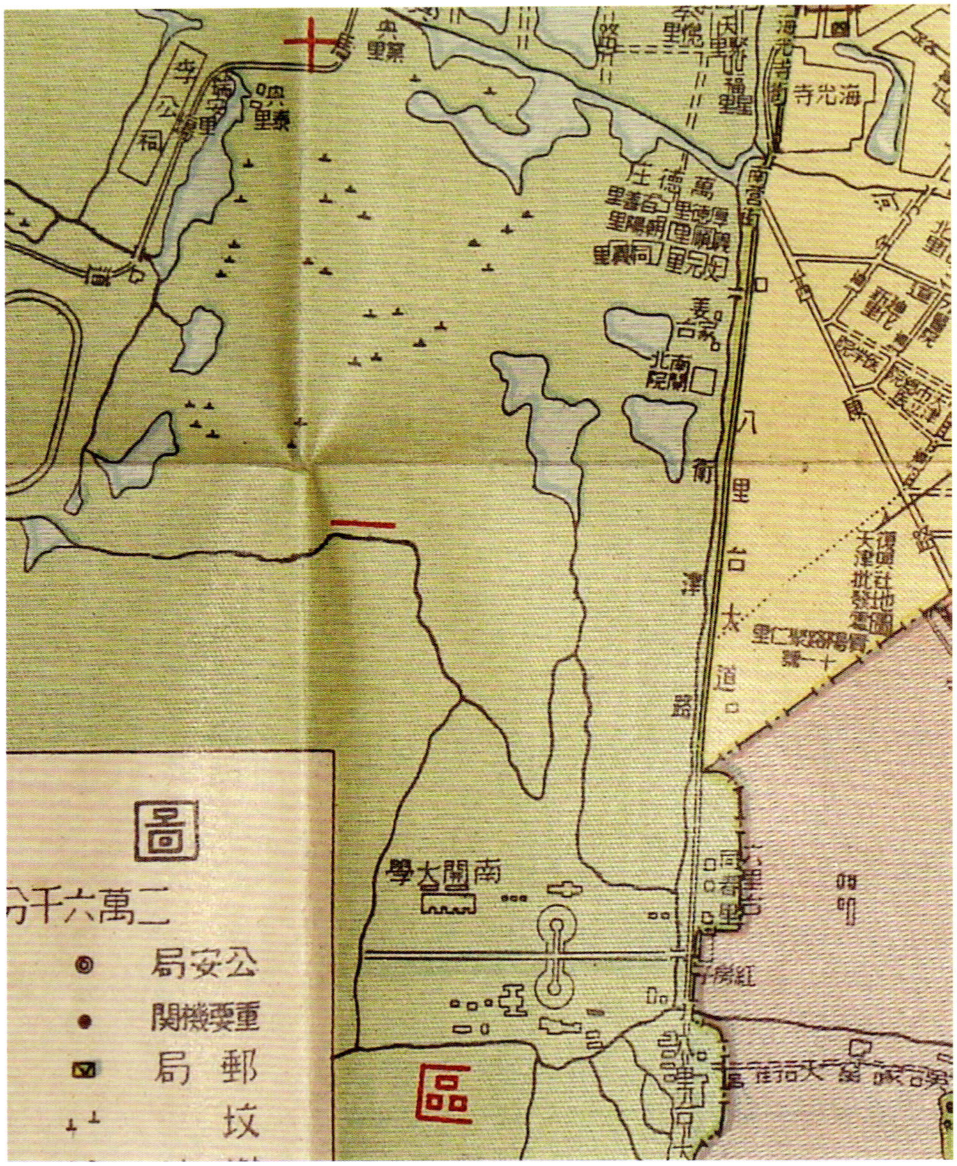

图4-3　1951年天津地图中七里台地区的状况

的气势，但其缺点是会导致大量的教学楼和实验室等用房光照条件不好，常年西晒，影响师生使用的舒适性。另一种方案是校门向东开，校区内的建筑仍按照南北朝向布置，建筑群可以顺着校门由东向西展开，这样可以在保证使用舒适度的同时也保持整个建筑群体的美观。基建委员会研究讨论后最终选择了第二种方案作为实施方案。

校园的主校门建在正对卫津河原木桥的位置，并以此为基点向西延伸建设一条东西干道（今北洋道），建筑都是沿着东西向主干道南北向布置。路南为教职工宿舍一、二新村及学生宿舍区。在北面也建设了两条东西干道（今敬业道和铭德道），在道路两侧建设教学和办公用房，各系商定分区布置。校区的西端为教职工宿舍三村、四村和发展用地。

校区内原有的水塘尽量不做变动，因其既可以美化环境，又能够调节校园内各分区的小气候，同时还可作为蓄存汛期雨水的水库。基建委员会还商讨并确定了各系、实验厂室的实际要求，并收集了与之相关的设计资料的具体内容，以便进行详细的设计[2]。最终，在校园规划中将教学行政区建在了校园正中偏东的位置，教工宿舍区、学生宿舍区和学生体育运动区布置在校园周边。其中，教工宿舍区和附属设施主要分布在教学行政区的西南侧和西侧，学生宿舍区主要在东南侧。学生体育运动区则位于教学行政区北侧，与其紧邻，中间有校园内原有的水塘相隔（图4-4）。

4月，基建委员会改组为基建处，下设5个工作组。其中，事务组负责拨地、文秘、财务、电讯、交通及现场生活管理；宣教组负责政治学习和宣传工作；设计组负责设计工程图纸。设计组组长冯建逵带领津沽大学建筑工程系1952届毕业班及三年级的在校生共计28人组成工程设计组，负责新校区的校园规划和建筑设计工作；工程组下设审计、资料、测量、检验四个小组，负责工程预算及材料分析、测量与质量检验，解决现场施工技术问题；材料组下设木材、砖石运输、地方材料及五金电料等小组，组长为宋秉泽，负责材料计划、采购、托运、调拨及垫土。4月初，天津大学将七里台校区的规划设计总图、总体预算以及第一批设计图纸送交教育部审批。

5月中旬，学校与华北基地建设公司天津分公司（后改为华北直属第二工程公司）签署了建设承包合同，校方依照合同将第一批设计图纸交给了建设公司。随后，建设公司进入工地准备建校具体事项，搭建临时的办公室和工人宿舍，约4000名工人陆续入场[2]。

5月26日，天津大学七里台校区建设工程正式开工。全部建校工程（包括天津大学和南开大学的部分建设工程）共分为12个工区进行分区建设。在每一个工区内都有一项主要工程，由建设公司指派的一位工长负责。同时学校方面也指派一名工程组的同学参加。各项工程图纸由工程组做出工料分析表以后，将图纸交付工区计划组，材料分析表则交校方材料组，待其作出拨料计划后按工号拨料。由于校区建设经费严重不足，为了节约成本，材料组在勘察了地形之后，在校园东部挖了一条河道将校内的水塘与卫津河连通起来，同时也在校内开挖河道，连通了各个水塘，使运送建材的运输船可以驶达校内的各个工地。用水路运输取代在当时费用较为昂贵的汽车运输，节约了很多运输成本。另外学校还从天津市水利局借来了铁轨铺设在工地上，使陆上运输也更为便捷（图4-5）。由于校区所处地势低洼，为了减少三、四新村的垫土费用，材料组组织挖深校内既有的水坑，还开挖校区东南角一带废城防土墙来取土，节省了大量的垫土费用[2]。

工人和师生仅用150天就完成了教育部下达的建校工程任务，建成了8万余平方米的建筑，七里台地区已经从一片荒野之地变成一座初具规模的大学。由于新中国刚刚成立，中央政府财政非常困难，给天津大学的建校经费仅为教育部和天津市共同筹集拨来的建设款400亿元（约合新币400万元），故要求建校工程要学习延安精神，力求节俭。工程使用年限暂定为5到10年，待国家经济好转后，拆除重建。校舍建设最终的平均造价每平方米仅为63万元，再折合新币仅63元。工程造价之低廉，建设之迅速，开创了新中国成立以来高校建校工程的纪录[3]74。同时，由于基建委员会对施工质量严格把关，即使在时间紧、资金缺的情况下，其所完成的建筑的使用寿命也远远超过了原计划。即使是受1976年唐山大地震的影响，这批使用时间已经远超过其设计使用年限的建筑大部分遭到了不同程度的损坏，但经过维修后还能继续使用。

1952年7月，教育部正式下文将三校合并成两校，津沽大学的工学院并入天津大学。天津大学西沽校舍、黄纬路校舍及南开大学东院，拨予天津市人民政府。同时，京津高等学校院系调整天津大学筹备委员会和南开大学筹备委员会成

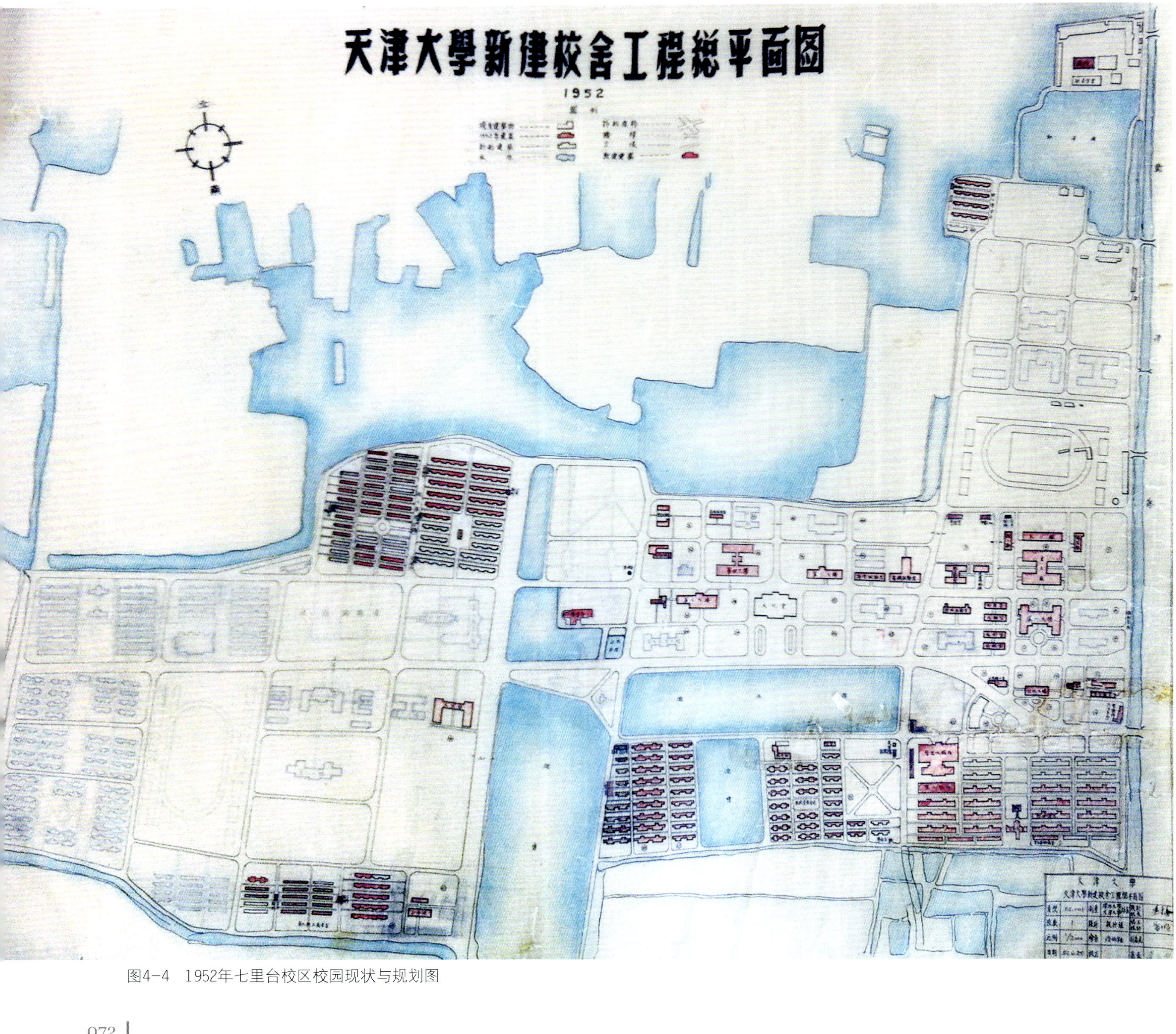

图4-4　1952年七里台校区校园现状与规划图

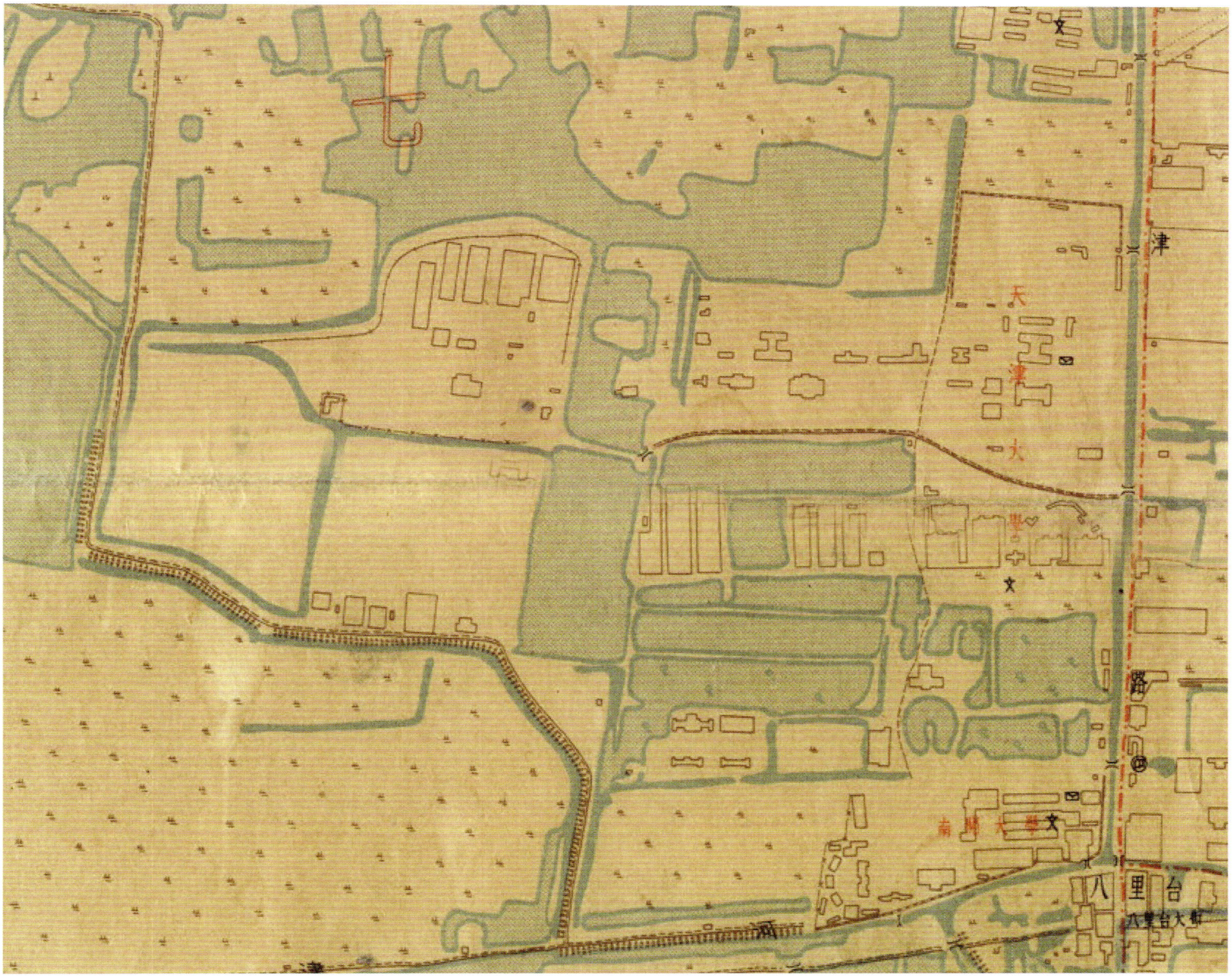

图4-5　1955年天津市地图中的天津大学

立，负责落实院系调整和学校发展的具体事务。天津大学土木工程系与津沽大学土木、建筑两系合并成立天津大学土木建筑工程系。8月，教育部下令将北京铁道学院建筑工程系并入天津大学土木建筑工程系，进一步加强了土木建筑工程系的师资力量和七里台校区校舍设计工作的实力。

9月，校园首期建设工程接近尾声，经过匡算，当年节约造价66亿元，尚可完成约3700多平方米的工程量。学校又决定建设第四教学楼（暂作图书馆）3138平方米和一座工会俱乐部，这两项工程在9月份动工，年底竣工[2]。

1952年10月初，七里台校区初具办学规模，建成1幢行政楼、4幢教学楼、21幢学生宿舍、15个实习工厂和实验室（包括金工、土木、铸工、锻工、热工、动力、物理、化机、普化、陶瓷、造纸、煤气等）、教职工宿舍5个新村（一、二村基本全部建成，三、四、五村依照规划部分建成）、大饭厅兼礼堂（即求实会堂）及各生活服务设施（学生会用房、民主党派用房、工会俱乐部、卫生室、职工食堂、饭馆、银行、邮局、浴室、合作社、理发室、菜点、托儿所、保育院、小学校、汽车房、传达室、变电站、泵房等）等（表4-1、图4-6）。西沽校区的师生陆续迁入七里台新校区。10月25日，天津大学在新校区的大礼堂举行了落成仪式和开学典礼。新学期开始，已在国内建筑界享有很高声誉的铁道学院建筑系主任徐中教授率全系师生转入天津大学上课。

七里台校园内建成的第一批建筑均为南北朝向，教学行政中心区形成了以第一教学楼、行政大楼、木工厂、金工厂为中心的南北主轴线，并规划出了另一条以大礼堂（未建）为中心的第二条南北向的辅轴线。学生宿舍区位于教学中心区东南侧的七里台。五个教工新村分别位于校园南部、西部和北部，与教学行政区之间以水塘隔开。教学行政中心区的北侧空地规划为学生体育活动区。教工和学生的生活区围绕教学行政区布置，相互之间的距离适中，尺度适宜，为七里台校区逐渐发展成为步行尺度的校园打下了基础。

此时天津大学全校师生及其他工作人员仅有2000余人，因此七里台校区范围内尚预留大量的空地，各建筑组团均集中在校区的东南部分，校区内有大量的水塘，其中校区的西北部分更是水塘密布，保持着建校前的初始状态。

表4-1 1952年开学前七里台校区建设的主要建筑

建筑性质	建筑名称	建筑面积 / 米^2	建成时间	结构形式	备注
公共建筑	行政大楼	—	1952 年	—	现已拆除
教学与科研建筑	第一教学楼	3593	1952 年	砖混	现为校史博物馆
教学与科研建筑	第二教学楼	2229	1952 年	砖混	—
教学与科研建筑	第三教学楼	2225	1952 年	砖混	含西侧平房
教学与科研建筑	第四教学楼	3138	1952 年	砖混	—
教学与科研建筑	平房实验室	684	1952 年	砖木	分析中心北侧
教学与科研建筑	应用化学研究所	459	1952 年	砖木	第十一教学楼东侧小院平房
教学与科研建筑	水力学、土力学实验室	1824	1952 年	砖木	水利馆院内平房
教学与科研建筑	热工实验室	—	1952 年	—	现已拆除
教学与科研建筑	物理实验室	—	1952 年	—	现已拆除
教学与科研建筑	陶瓷实验室	—	1952 年	—	现已拆除
教学与科研建筑	造纸实验室	—	1952 年	—	现已拆除
学生宿舍与食堂	学生宿舍 1 斋	—	1952 年	—	现已拆除
学生宿舍与食堂	学生宿舍 2 斋	—	1952 年	—	现已拆除
学生宿舍与食堂	学生宿舍 3 斋	—	1952 年	—	现已拆除

（续表）

建筑性质	建筑名称	建筑面积 / 米 ^{2}	建成时间	结构形式	备注
学生宿舍与食堂	学生宿舍 4 斋	—	1952 年	—	现已拆除
学生宿舍与食堂	学生宿舍 5 斋	—	1952 年	—	现已拆除
学生宿舍与食堂	学生宿舍 6 斋	—	1952 年	—	现已拆除
学生宿舍与食堂	学生宿舍 7 斋	—	1952 年	—	现已拆除
学生宿舍与食堂	学生宿舍 8 斋	—	1952 年	—	现已拆除
学生宿舍与食堂	学生宿舍 9 斋	—	1952 年	—	现已拆除
学生宿舍与食堂	学生宿舍 10 斋	—	1952 年	—	现已拆除
学生宿舍与食堂	学生宿舍 11 斋	—	1952 年	—	现已拆除
学生宿舍与食堂	学生宿舍 12 斋	—	1952 年	—	现已拆除
学生宿舍与食堂	学生宿舍 13 斋	—	1952 年	—	现已拆除
学生宿舍与食堂	学生宿舍 14 斋	—	1952 年	—	现已拆除
学生宿舍与食堂	学生宿舍 15 斋	—	1952 年	—	现已拆除
学生宿舍与食堂	学生宿舍 16 斋	—	1952 年	—	现已拆除
学生宿舍与食堂	学生宿舍 17 斋	—	1952 年	—	现已拆除
学生宿舍与食堂	学生宿舍 18 斋	—	1952 年	—	现已拆除
学生宿舍与食堂	学生宿舍 19 斋	—	1952 年	—	现已拆除
学生宿舍与食堂	学生宿舍 20 斋	—	1952 年	—	现已拆除
学生宿舍与食堂	学生宿舍 21 斋	—	1952 年	—	现已拆除
教职工公寓	一村	—	1952 年	—	现已拆除
教职工公寓	二村	—	1952 年	—	现已拆除
教职工公寓	三村	—	1952 年	—	1952 年部分建成，现已拆除
教职工公寓	四村	—	1952 年	—	1952 年部分建成，现已拆除
教职工公寓	五村	—	1952 年	—	1952 年部分建成，现已拆除
附属配套用房	大礼堂	—	1952 年	—	2004 年拆除
附属配套用房	工会俱乐部	595	1952 年	砖木	现已拆除，2011 年原址新建
附属配套用房	学生会	—	1952 年	—	现已拆除
附属配套用房	合作社	—	1952 年	—	现已拆除
附属配套用房	托儿所	—	1952 年	—	现已拆除
附属配套用房	汽车房	—	1952 年	—	现已拆除
附属配套用房	金工厂	—	1952 年	—	现已拆除
附属配套用房	木工厂	—	1952 年	—	现已拆除
附属配套用房	铸工厂	—	1952 年	—	现已拆除
附属配套用房	锻工厂	—	1952 年	—	现已拆除

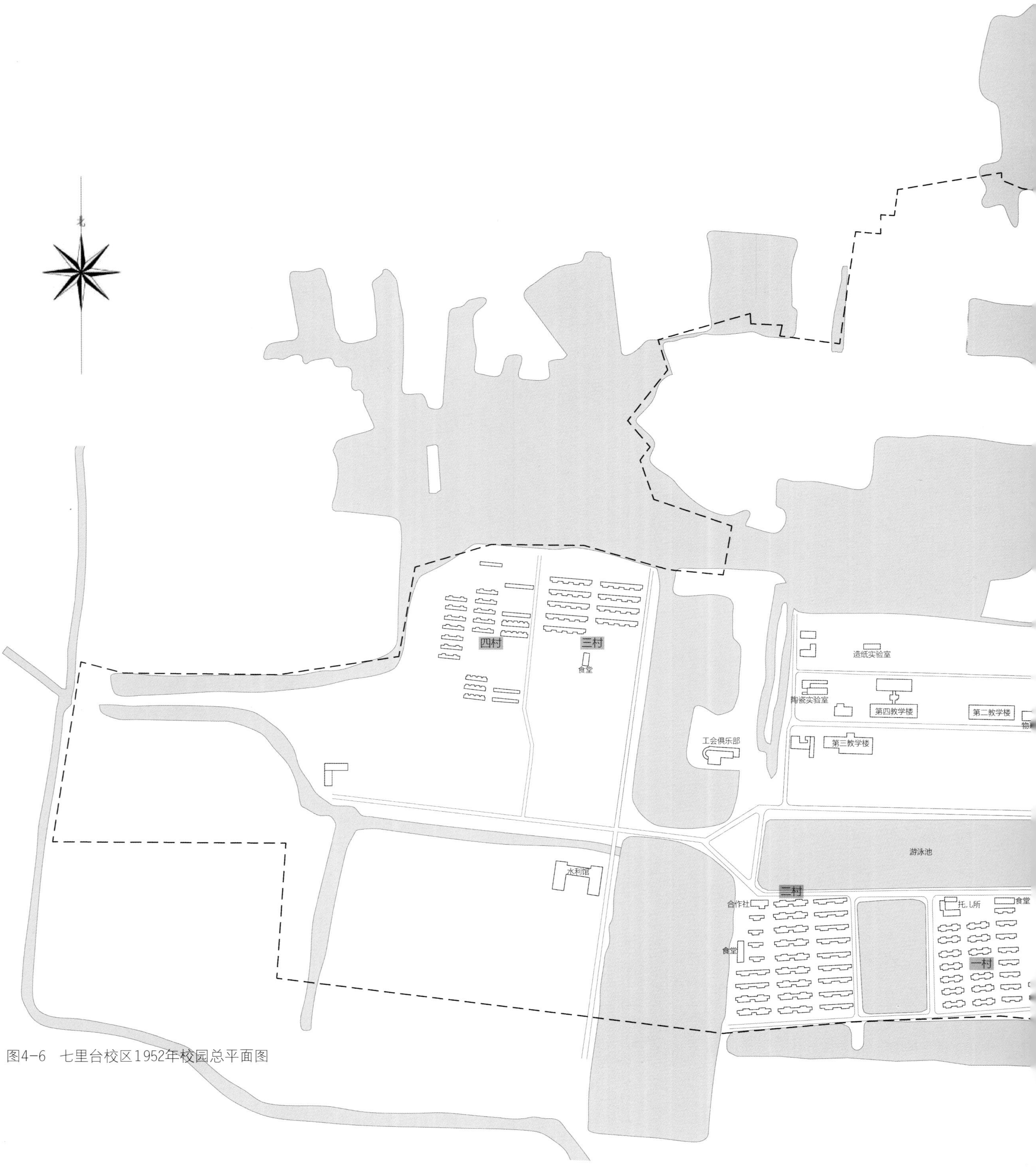

图4-6　七里台校区1952年校园总平面图

由于时间紧、设计经验不足，校园建设在总体规划上缺乏深入的调查研究和远景设想，也带来了以下几个方面的问题。

第一，受苏联模式的影响，强调“一系一楼”，因而过于迁就各系的分区，在校园内出现了许多小院落，相互之间又缺乏密切的横向联系。这为日后校园见缝插针的填塞式建设埋下了伏笔，造成了学科分散、难以整合集中的局面。

第二，此时期建设的建筑多为低矮的建筑，功能单一，规模较小，难以适应院系教学规模长远发展的需要。

第三，在校园分区上缺乏长远打算。学校内大部分用地为师生宿舍区，教学区用地所占比重过小，导致在随后的发展中教学用地严重不足，从而需要不断对校园规划进行调整。如与教学行政中心区隔水而建的教工宿舍一、二村在日后学校规模扩大的过程中就由教工宿舍区转变为教学区。

第四，校园内道路系统缺乏长远发展的考虑，导致在以后的建设中进行了很大的调整。

第五，没有解决好当时拨给土地中保留计划用地（西大坑和现鞍山西道学湖里小区所在地）的问题，导致学校未能实际上取得土地的使用权，这给以后校园的拓展造成了用地不足的难题。

但这次的校园规划和建设在当时的社会环境和经济环境下，总体上是比较合理的，较好地奠定了七里台校区校园规划格局的基础。以后校区逐年扩建，发展迅速，卫津河畔一时高楼突起，昔日的荒郊旷野，变成了一所生机盎然的新型大学校园。校园内湖塘棋布，杨柳成荫，远胜当年的西沽校园。

1952年底，新中国仅用三年时间就圆满完成了恢复国民经济的任务。1953年9月，党和国家在过渡时期的总路线正式提出。1953年至1957年国民经济发展的第一个五年计划开始实施。这个时期是新中国社会主义建设蒸蒸日上、欣欣向荣的时期，也是天大七里台校区建设蓬勃发展的第一个黄金时期。1953年，建校工程纳入天津大学行政系统，组建了天津大学基建处。原设计组改为天津大学基建处设计室，徐中兼任设计室主任。为了解决人手不足的问题，又从土建系抽调了几名在学的学生提前毕业到基建处工作，彭一刚就是其中一员。后来这几人回到系里任教，充实到师资队伍中。这个时期由徐中和基建处设计室主持设计建造了五幢较为高大的教学楼（第五至第九教学楼）、一批学生宿舍、教职工宿舍、实验室、实习工厂、礼堂以及一系列服务设施。到

1956年，学校总建筑面积已有16万余平方米（图4-7）[3]115，计有教学楼9幢，学生宿舍30幢，实习工厂、制配厂、实验室54个，大小礼堂（兼食堂）2个，教职工新村宿舍区6个及单身宿舍甲、乙字楼（表4-2）。另建有工会俱乐部、保育院、附小、银行、邮局、商店等。在体育设施建设上发展也很快，建有2个较大的田径场、2个足球场、60多个篮球场、20多个排球场。此时的天津大学已成为具有相当规模的新型工业大学，呈现出一派兴旺发达的景象。

表4-2　1956年底前七里台校区建设的主要建筑（新增）

建筑性质	建筑名称	建筑面积 / 米^2	建成时间	结构形式	备注
教学与科研建筑	第五教学楼	4950	1953 年	砖混	
教学与科研建筑	第六教学楼	4680	1953 年	砖混	
教学与科研建筑	第七教学楼	4670	1953 年	砖混	
教学与科研建筑	第八教学楼	4748	1954 年	砖混	
教学与科研建筑	第九教学楼	6887	1954 年	砖混	
教学与科研建筑	化工造粒工程技术中心	68	1954 年	—	第十一教学楼北侧平房
教学与科研建筑	水工建筑物实验室	2123	1955 年	砖混	水利馆南楼，2 层
教学与科研建筑	仿真实验室	306	1956 年	砖木	原加工车间
学生宿舍与食堂	学生宿舍 22 斋	2351	1953 年	砖混	现已拆除
学生宿舍与食堂	学生宿舍 23 斋	2351	1953 年	砖混	
学生宿舍与食堂	学生宿舍 24 斋	2351	1953 年	砖混	
学生宿舍与食堂	学三食堂	2214	1953 年	砖混	
学生宿舍与食堂	学生宿舍 25 斋	2250	1954 年	砖混	
学生宿舍与食堂	学生宿舍 26 斋	2250	1954 年	砖混	
学生宿舍与食堂	学生宿舍 27 斋	2250	1954 年	砖混	
学生宿舍与食堂	学生宿舍 28 斋	2250	1956 年	砖混	
学生宿舍与食堂	学生宿舍 29 斋	2250	1956 年	砖混	
学生宿舍与食堂	学生宿舍 30 斋	2250	1956 年	砖混	
教职工公寓	甲字楼	—	—	—	现已拆除
教职工公寓	乙字楼	—	—	—	现已拆除
教职工公寓	教工公寓六村 -1	2399.4	1954 年	—	
教职工公寓	教工公寓六村 -2	1225.2	1954 年	—	
教职工公寓	教工公寓六村 -3	1806.3	1954 年	—	
教职工公寓	教工公寓六村 -4	2316	1954 年	—	
教职工公寓	教工公寓六村 -5	2915.71	1954 年	—	
附属配套用房	制配厂	—	—	—	
附属配套用房	水利馆前变电室	103	1954 年	砖混	
附属配套用房	水暖队用房	273	1954 年	砖木	第十一教学楼西侧路边平房

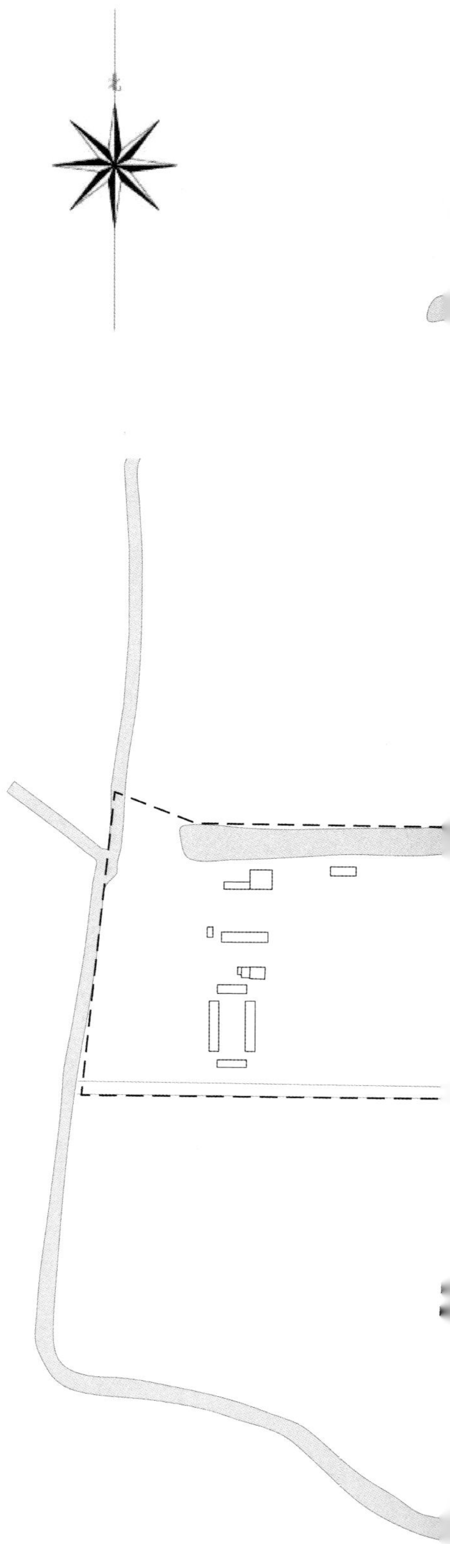

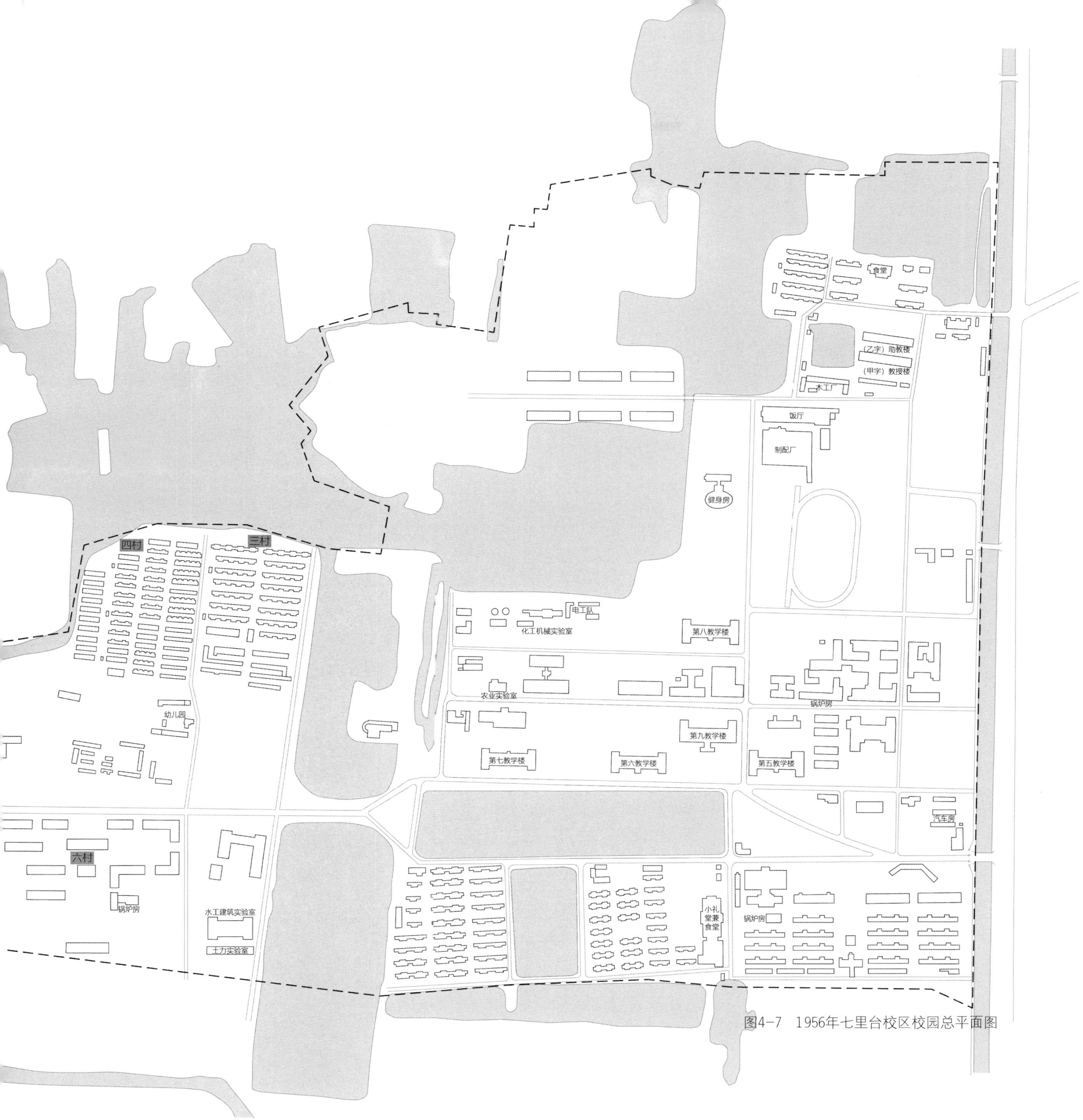

图4-7　1956年七里台校区校园总平面图

徐中主持设计的第五、六、七教学楼于1953年建成，1954年又修建了第八、九教学楼（图4-8）。这五幢建筑成为七里台校区的标志性建筑，也奠定了七里台校区整体的校园风貌和建筑风格。2005年8月，第九教学楼入选首批天津市历史风貌建筑名录。2006年10月，第五、六、八教学楼被评为第三批天津市历史风貌建筑。

2. 规模扩大时期（1957—1966）

自1957年开始的一系列政治运动不仅反映在学校的教学工作中，在校园建设方面也打下了深深的时代烙印。1957年，学校建设了第十教学楼、图书馆、学生食堂及几幢学生宿舍。图书馆也由徐中主持设计，于1958年建成。

1958年春，学校成立天津大学建筑设计院，成员包括基建处设计室的20多名员工（包括建筑、结构、水、暖、电等方向），以及土建系的建筑、结构、水、暖等学科方面的有关教师（作为兼职人员）。设计院由徐中任院长，张迺苓任副院长。从此，设计院成为土建系教学结合生产的基地。

1958年5月至1960年初，学校建设的教学用房仅有第十一教学楼。土建系师生响应教育和生产劳动相结合的号召，自行设计建造了3300多平方米的34斋学生宿舍[①]。根据1959年1月的《天津大学基本情况报告》统计，七里台校区占地面积115.5万平方米，建筑面积已有20万余平方米。其中，实习工厂、实验室共78个，总建筑面积约2.7万平方米，宿舍面积约5.5万平方米，住宅面积约4.5万平方米，福利用房及其他房屋面积约2万平方米（当年新建未完工者除外），操场面积约6万平方米，搬迁至七里台校区以来基建投资总额已达1956万余元。

1959年，天津市娄凝先副市长主持召开了天津大学、南开大学、天津师范大学（1958年9月由天津教师进修学院等合并成立）三所大学校界划分会议。会议决定将天津大学和平湖东北角部分土地划拨给天津师范大学（后为师大北院，天大于2007年购回），南开大学育才路以西大学道以北土地（时为南开大学化工厂）88.94亩（约6万平方米）土地拨给天津大学。后因种种原因，原定南开大学拨给天津大学的土地，经协商实际给学校使用了40余亩（约2.7万平方米，用于建天大化工厂、船池等）。后来天津大学、南开大学之间的大学道扩宽，本应从两校之间的道路中心线分别向南、北两侧扩宽，但最终落实是以大学道北侧——天津大学一侧的边线为基准线向北扩宽，因此天津大学七里台校区南侧又少了一些土地[②]。

① 李金甫老师回忆，音频采访。
② 李金甫老师回忆由20米扩至30米。

图4-8　分别于1953年、1954年建成的第五教学楼（右）和第九教学楼（左）

1959至1961年是全国范围的三年困难时期，天津大学和其他国内高校一样，基本处于发展的停滞阶段。据1961年1月《关于天津大学基本情况的调查报告（初稿）》统计，此时学校的校园面积为126万平方米，除去湖面占地30.6万平方米外，实有面积95.4万平方米。建筑面积共计约25.77万平方米，其中教学用房（教室、实验室、图书馆等）为8.72万平方米，占总面积的33.8%；生活用房（师生员工宿舍、食堂及生活福利用房等）14.32万平方米，占55.6%；行政办公用房1.16万平方米，占4.5%；工厂用房1.57万平方米，占6.1%。每个学生平均有25.6平方米的建筑面积。

1961年，全国进入国民经济调整时期，涉及经济、政治、文化教育等各个领域。9月，中共中央下达《教育部直属高等学校暂行工作条例（草案）》（亦称《高校六十条》），明确指出高等学校必须以教学为主，生产劳动、科学研究、社会活动的时间应该安排得当，以利教学；必须逐步改善物资设备，加强生活管理工作，为教学和科学研究服务，为师生员工的生活服务；实验室的建设应该由学校统一规划，有步骤、有重点地进行；努力改善校舍、图书资料、实验设备等物质条件，为教学和科学研究服务；应该根据学校规模和校舍的实际情况进行规划，有步骤地改善教学与生活用房的状况，加强对现有房屋的管理、保护和维修工作等。天津大学参与了《高校六十条》的编制工作，因此很快就采取了应对措施。根据总务工作应该尽可能集中到学校总务部门的精神，总务处单独设置了房产科，将原来由系自行管理的学生宿舍和集体宿舍改由房产科统一调配①。在1960年“大抓生活”时，食堂下放到系乃至教研室管理。当时全校大小食堂多达33个，其中最大的化工系食堂就餐人数达2000余人，而有的小食堂仅有18人入伙。1962年以后，学校陆续对食堂进行了调整合并，只保留了学生食堂、清真食堂、留学生食堂和教工食堂等不足10个。此外，总务处还修整了校内的主要道路，改装自来水干管，设立老教师诊疗所等，使师生员工的学习、工作和生活条件得到改善。

1961年，第十二和第十四教学楼相继建成。由于当时大部分学院不愿意用“第十三教学楼”作为自己的教学用楼，所以规划好的第十三教学楼迟迟没有建造，后在原本为第十三教学楼预留的位置上建设了第十七教学楼。

1962年上半年，学校进行了全面的清产核资工作，摸清了家底。1958年以来全校新建实验室24个，实验室数量已达到58个。对部分原有实验室也进行了改扩建，到1964年初，实验室建筑面积达33539平方米[3]190。

此后，由于受社会大环境的影响，天大的校园建筑增量不多，到1964年时形成了如图4-9所示的校园规划布局（表4-3）。1965年3月，在校的3400多名师生员工开始进行为期3个多月的建校劳动[4]59。

---

① 引自1963年6月25日《天津大学关于行政机构设置及职责分工的暂行规定》。

表4-3　1964年底前七里台校区建设的主要建筑（新增）

建筑性质	建筑名称	建筑面积 / 米 ^{2}	建成时间	结构形式	备注
公共建筑	图书馆（北馆）	9853	1958 年	砖混	
教学与科研建筑	第十教学楼	5364	1957 年	砖混	
教学与科研建筑	内燃机大楼	2183	1957 年	砖混	第十四教学楼东侧
教学与科研建筑	第十一教学楼	13166	1958 年	砖混	含 1983 年接建的 3625 平方米
教学与科研建筑	土建馆	4135	1958 年	砖混	第八教学楼后三层楼
教学与科研建筑	应用化学研究所	109	1959 年	砖木	第十一教学楼北侧平房
教学与科研建筑	第十二教学楼	8580	1961 年	砖混	
教学与科研建筑	第十四教学楼	7938	1961 年	砖混	
教学与科研建筑	工业设计楼	1572	1964 年	砖混	内燃机大楼东侧
教学与科研建筑	建筑学院教学楼	3300	1964 年	框架	原附中西楼
学生宿舍与食堂	学生宿舍 31 斋	3340	1957 年	砖混	
学生宿舍与食堂	学生宿舍 32 斋	3340	1957 年	砖混	
学生宿舍与食堂	学生宿舍 33 斋	3340	1957 年	砖混	
学生宿舍与食堂	学生宿舍 36 斋	3340	1957 年	砖混	
学生宿舍与食堂	学生宿舍 34 斋	3340	1958 年	砖混	
学生宿舍与食堂	学生宿舍 35 斋	3340	1958 年	砖混	
学生宿舍与食堂	学生宿舍 37 斋	3340	1958 年	砖混	
学生宿舍与食堂	学生宿舍 38 斋	3340	1958 年	砖混	
学生宿舍与食堂	学生宿舍 39 斋	3375	1959 年	砖混	
学生宿舍与食堂	学生宿舍 40 斋	3375	1961 年	砖混	
附属配套用房	木工厂	239	1957 年	混合	原六里台学宿锅炉房
附属配套用房	鹏翔服务广场	590	1962 年	砖混	学一食堂北侧
附属配套用房	教工六村食堂	695.5	1962 年	砖混	

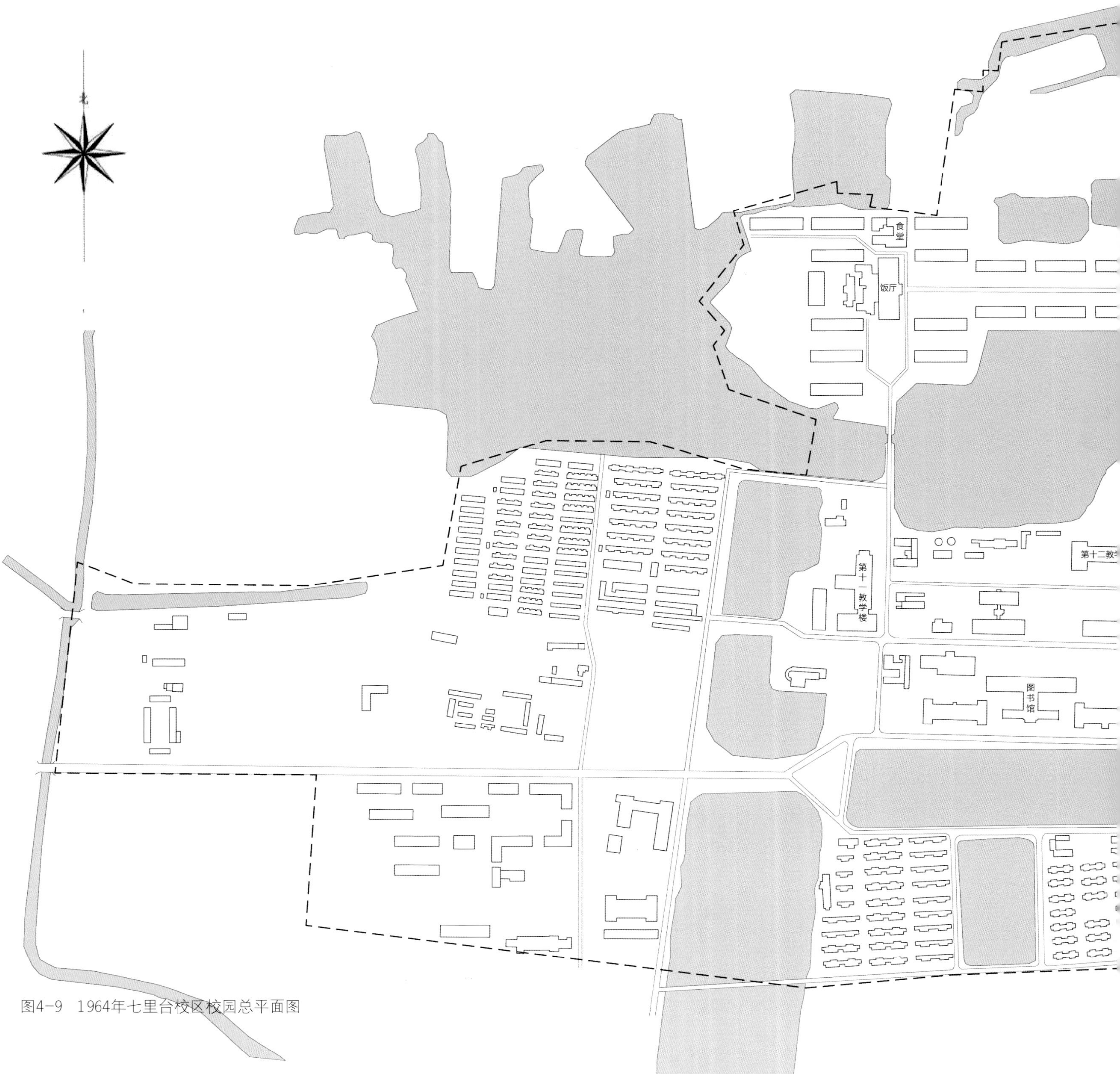

图4-9　1964年七里台校区校园总平面图

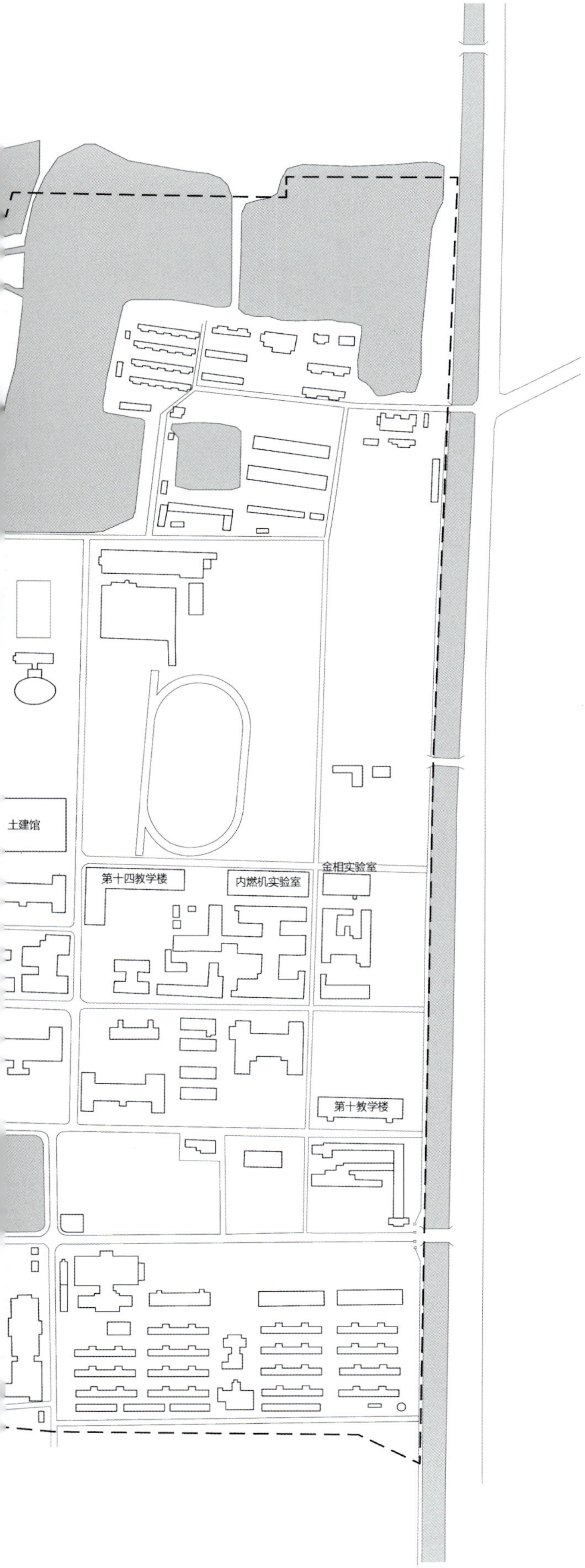

3. 基本停滞时期（1966—1976）

自1966—1970年，学校停止招生达5年之久，1971年开始招收三年制的工农兵学员。自1966年5月到1976年10月的“文革”期间，天津大学和全国一样，经历了空前的“十年浩劫”。七里台校区的建设不但处于基本停顿的状态，甚至很多校舍、设施遭到了严重的破坏，仅建成瓦工室、内燃所综合实验楼等少量教学用房和4幢教职工住宅（表4-4）。

1970年，天津大学发布了一个《教育革命规划（草案）》（以下简称《规划》），提出学校要“实行校办工厂、厂系合一”的体制，还要做到三年内经费自给，五年内粮食自给，等等。试行这个《规划》时，学校的49个实验室被破坏了20个，大操场也遭到了破坏。

1976年7月28日，唐山发生了7.8级强烈地震，严重波及了天津，学校内的房屋建筑也遭到了严重破坏。由于此时天津大学校园内的建筑多为20世纪50年代和60年代早期所建，不仅没有抗震能力，而且年久失修，有些建筑已超出了自身的设计使用年限。这些因素导致在这次强烈地震的危害下，七里台校区29万余平方米的建筑遭到了极为严重的破坏，局部倒塌20余处，教学试验用房中水文试验楼和第十四教学楼四层倒塌，大小烟囱几乎全部倒毁。受到严重破坏的有6.8万平方米（占23.4%），中等损坏的5.9万平方米（占20.3%），轻微损坏的13.9万平方米（占48%）。全校房屋建筑受损面积达92%，教学工作一度中断。

天津大学根据中央抗震救灾的指示精神，发动群众，自力更生，重建家园。随即成立了抗震救灾办公室，组织学校土建工程技术人员和土建系师生对房屋建筑震害情况进行调查分析。动员师生员工1500多人，组成了7个施工队进行排险和简易的抗震加固工作。从8月底到11月中旬两个多月的时间内，除初步完成全校震害普查工作外，还自己动手组织了小水泥和煅石灰的生产，砍伐杨树300立方米，简易加固了教职工住宅、学生宿舍、食堂、托儿所等生活福利用房、实验生产用房以及部分教学用房等15万平方米，约占受破坏房屋总数的60%（图4-10）。

表4-4 1976年底前七里台校区建设的主要建筑（新增）

建筑性质	建筑名称	建筑面积 / 米 ^{2}	建成时间	结构形式	备注
公共建筑	篮球馆（老馆）	1200	1965 年	砖混	游泳馆南
教学与科研建筑	内燃所动力实验馆 (A)	1747.86	1965 年	砖混	内燃所内
教学与科研建筑	内燃所动力实验馆 (B)	2408.79	1965 年	砖混	内燃所内
教学与科研建筑	化工造粒工程技术中心	150	1972 年	砖混	第十一教学楼北侧平房
教学与科研建筑	水利工程科学研究所	60	1972 年	砖木	原瓦工室
教学与科研建筑	内燃所综合实验楼	3977	1975 年	砖混	内燃所内
教学与科研建筑	土力实验室	600	1976 年	砖混	水利馆内平房
教职工公寓	4 栋教职工住宅	—	—	—	
附属配套用房	水利馆泵房	45	1966 年	砖木	水利馆南楼内
附属配套用房	石化中心平房车间	225	1972 年	混合	原石化工厂压缩机房
附属配套用房	石化中心变电室	100	1972 年	混合	原石化工厂变电室
附属配套用房	35kV 电站	1348	1976 年	砖混	含电工队用房
附属配套用房	瓦工室	—	—	—	

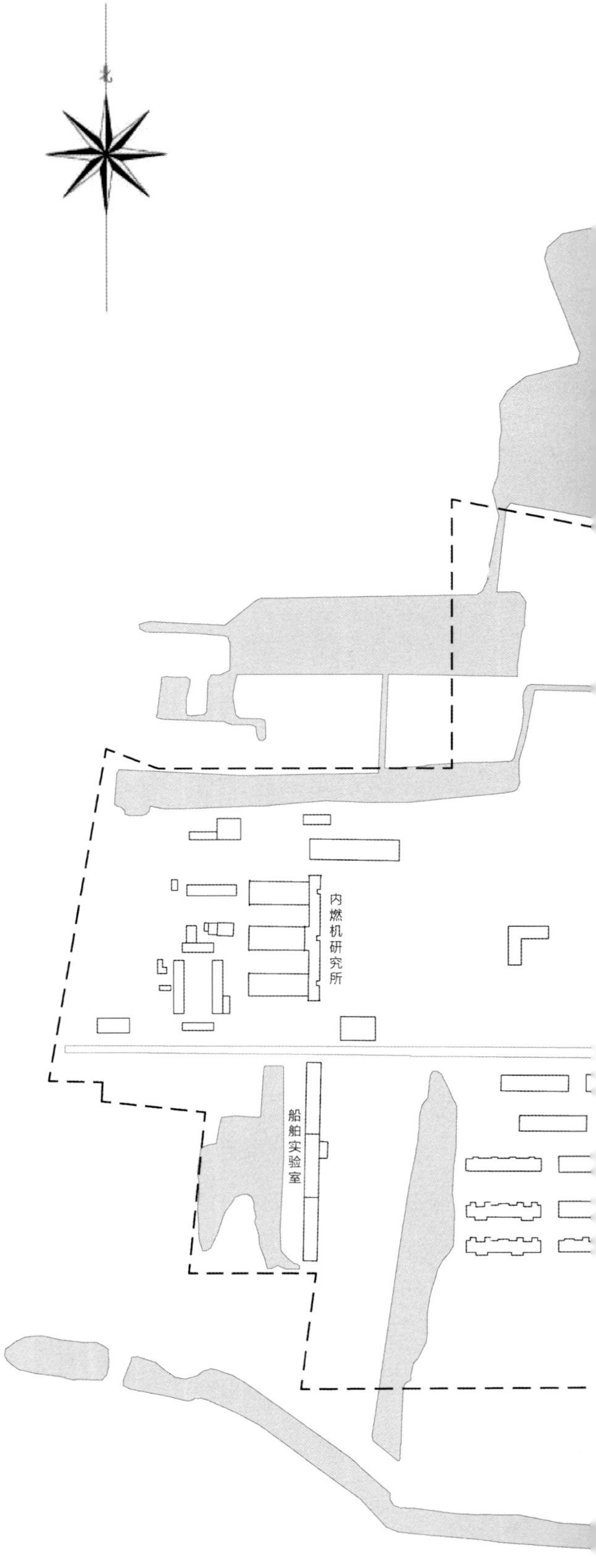

为了解决师生员工的住宿问题和保证学生按时开学上课，学校在修复加固房屋建筑的同时，组织力量为学生搭建了285间宿舍临建棚（共4275平方米），116间教室临建棚（共2493平方米），临时解决了学生住宿和上课用房，保证了11月按时开学上课。

与此同时，国家还调动了其他省市的建筑工程力量支援天津抗震救灾。1976年10月底，山东济宁工区600名施工人员进驻天津大学，援助学校加固在地震中损毁的建筑。天津市和平区受灾比较严重，天津大学也伸出援手，帮助解决困难，约2400户受灾居民迁入学校操场上搭建的临建房中。

由于七里台校区的建筑多为砖木结构和混合结构，震后建筑加固工作多采用较为经济且适宜的捆绑式加固方法。这种方法是从房屋外面设置构造柱、圈梁和纵横拉杆，将房屋相关结构捆绑拉结为整体，达到增强结构整体性、改善结构破坏形态及增大结构延性的目的。这为七里台

图4-10　1976年七里台校区校园总平面图

校区留下了一批有相似建筑外立面元素的建筑，即棕褐色斑驳的砖墙外表面有横、竖向交错的构造柱和圈梁，在建筑表面形成了白色混凝土网格，留下了历史的痕迹[5-6]（图4-11）。

4. 规划调整时期（1976—1985）

1976年10月粉碎“四人帮”，标志着“文化大革命”的结束。学校开展了清除“四人帮”流毒的揭、批、查运动，从思想上正本清源、拨乱反正。1977年8月，邓小平主持召开了科学与教育工作座谈会，做出当年恢复高考的决定。“文革”后恢复高考的第一批大学生1977年冬天参加了考试，1978年春季入学，从此我国的高等教育重新步入正轨。

（1）基本建设

“文“文革”期间，天津大学的基本建设基本处于停顿状态。因此，恢复高考招生后学校的教室、宿舍出现了

图4-11　震后建筑加固的梁柱架构所形成的网格状立面效果

十分紧张的局面。1978年12月党的十一届三中全会以后，随着党关心群众生活和知识分子政策的逐步落实，学校教学秩序和基本建设也进入了一个新的发展阶段。一座座新教学楼拔地而起，一排排教职工住宅迅速兴建。

1977年到1981年，学校在原教职工住宅区的五村和六村增建了11幢住宅楼的同时，又建了一个新的教职工住宅区——四季村，共有20余幢住宅楼。这三个住宅区新增住宅面积达42765平方米[3]317。1979年，学校新建成教学大楼第十五教学楼（电化教学楼），距十四教学楼建成时间已经过了18年，另有一幢教学楼（第十六教学楼）也在施工中，新建了数十幢教职工宿舍，还有其他一些用房。1980年初，天津大学总建筑面积约32万平方米，另有58个实验室，7个实习及加工厂[4] 72（图4-12）。

在1982年至1985年期间，一方面为了适应由于恢复高考、教学改革不断深入而逐步扩大的办学规模，另一方面为了迎接天津大学90周年校庆，学校进行了大规模的校园规划建设。期间建设教学、实验用房32394平方米，学生宿舍5260平方米，教师宿舍50671平方米，附属用房11701平方米，共完成建筑任务100026平方米。此外，学校还对北洋广场、求实会堂进行了改造，进一步改善了全校师生的生活、学习条件[3]377。

1982年，学校建成了第十六教学楼以及东、西两个阶梯教室，修复了被地震破坏的体育运动场，新建了职工住宅楼7556平方米。1983年职工住宅分配数量是学校历史上最多的一次，550户教职工搬入单元房，其中300户搬进新居。从1982年开始，学校在老图书馆北侧修建八层高的专用书库，1984年底竣工，1985年初正式投入使用。

1984年，学校基建规模创历史最高水平，全年共完成投资980万元，在部属高校中名列前茅。有9项工程交工，面积达3万平方米，开工面积为2.5万平方米。

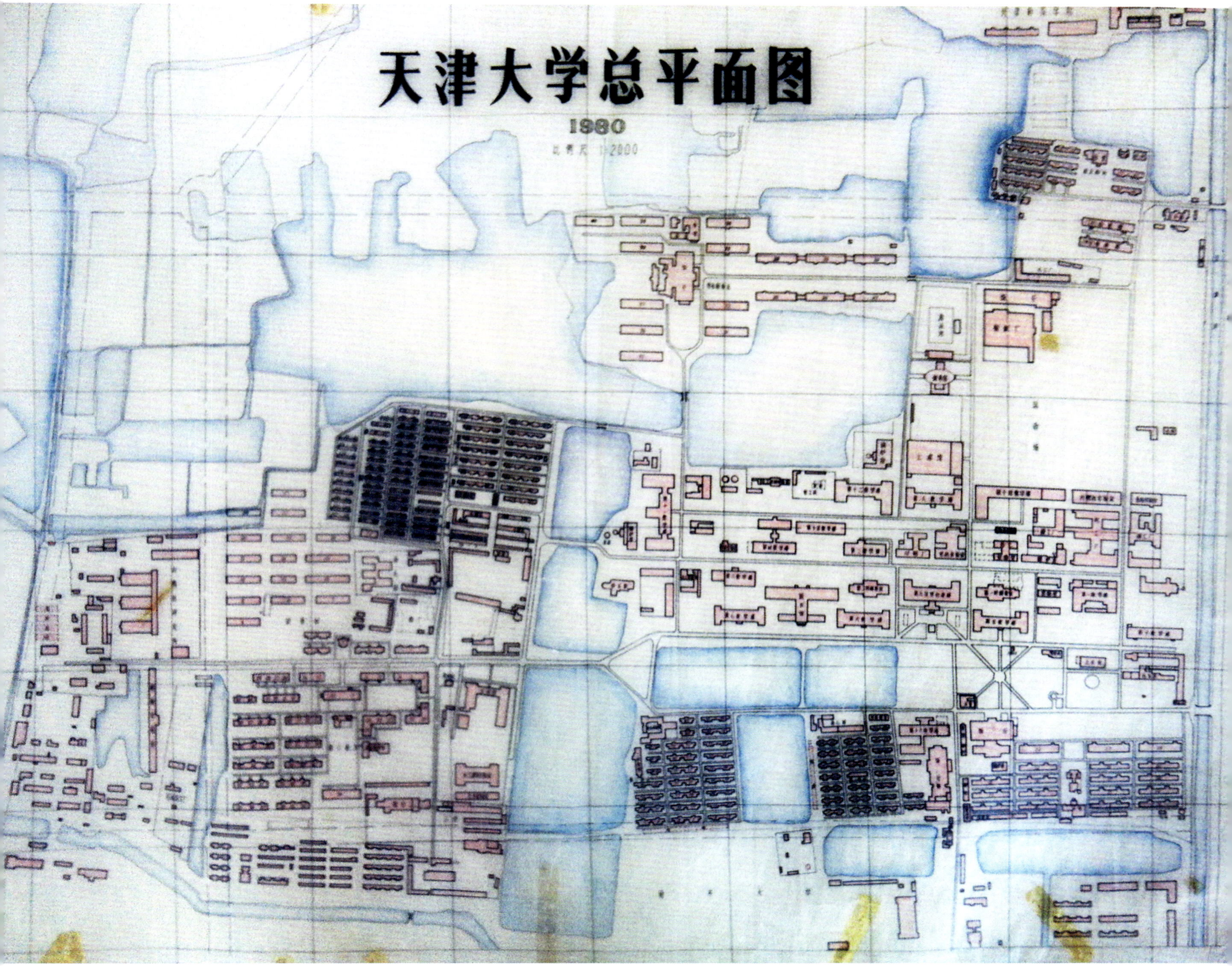

图4-12　1980年七里台校区校园现状图

1985年，全校基建竣工面积达4万平方米（表4-5），1170户教职员工乔迁新居[3]423-425。

（2）校园美化

在20世纪80年代，学校对校南区进行了重新规划，修筑了人工湖（今敬业湖）堤岸。并于1980年建造了正对图书馆的湖心桥①，沟通了横贯东西的两条马路。这时校园内有大小湖塘7个，道路两旁、湖塘四周遍植黄杨、垂柳、水杉、洋槐等乔木，为莘莘学子提供了一个优美、恬静的学习环境。

1984年，学校修建了湖心亭和第九教学楼前的广场，并在人工湖东端建造了以大型喷泉为主题的北洋广场②。1985年，张太雷烈士铜像在北洋广场落成。

（3）附属设施

经过恢复整顿，学校的食堂建设有了明显改善。全校设有4个教工食堂、3个学生食堂、1个清真食堂和1个留学生食堂，另有1个面包坊。

这时天津大学共有6个校办工厂：机械厂、自动化设备厂、精密仪器厂、电子仪器厂、半导体器件厂、高分子材料厂，共有厂房约16000平方米。还有一个具有一定规模的印刷厂，设有铸字、排字、机印、装订、照相、制版、复印、打字等车间，担负全校教材和科研资料的印刷工作。

到1985年天津大学建校90周年校庆时，七里台校区的校园规模扩大至133万余平方米（近2000亩），校园建筑面积发展至近50万余平方米[3]420（图4-13）。通过对比1964年校区总图和1985年校区总图，可以看出：1976年到1985年间，七里台校区的校园规划建设主要是在之前校园布局基础上进行的填空式建设。到1985年时，七里台校区内的水塘分布和面积没有大的变动，但是1964年水塘之间的空地，到1985年时基本上已经被新建的建筑所填满。此时期的校园规划布局还存在一些不足：首先，在基本上已建成的校园里，教学行政区的规模明显显得局促，且

① 在建湖心桥之前，敬业湖在此位置有一条土埂，将敬业湖分为东、西两部分，水位低时土埂可以露出水面，学生可在上行走以穿过敬业湖。

② 以前第九教学楼前的人工湖的西侧边界一直到现在的太雷路，后来由西大坑取土填湖，修建了第九教学楼前的广场及喷泉。

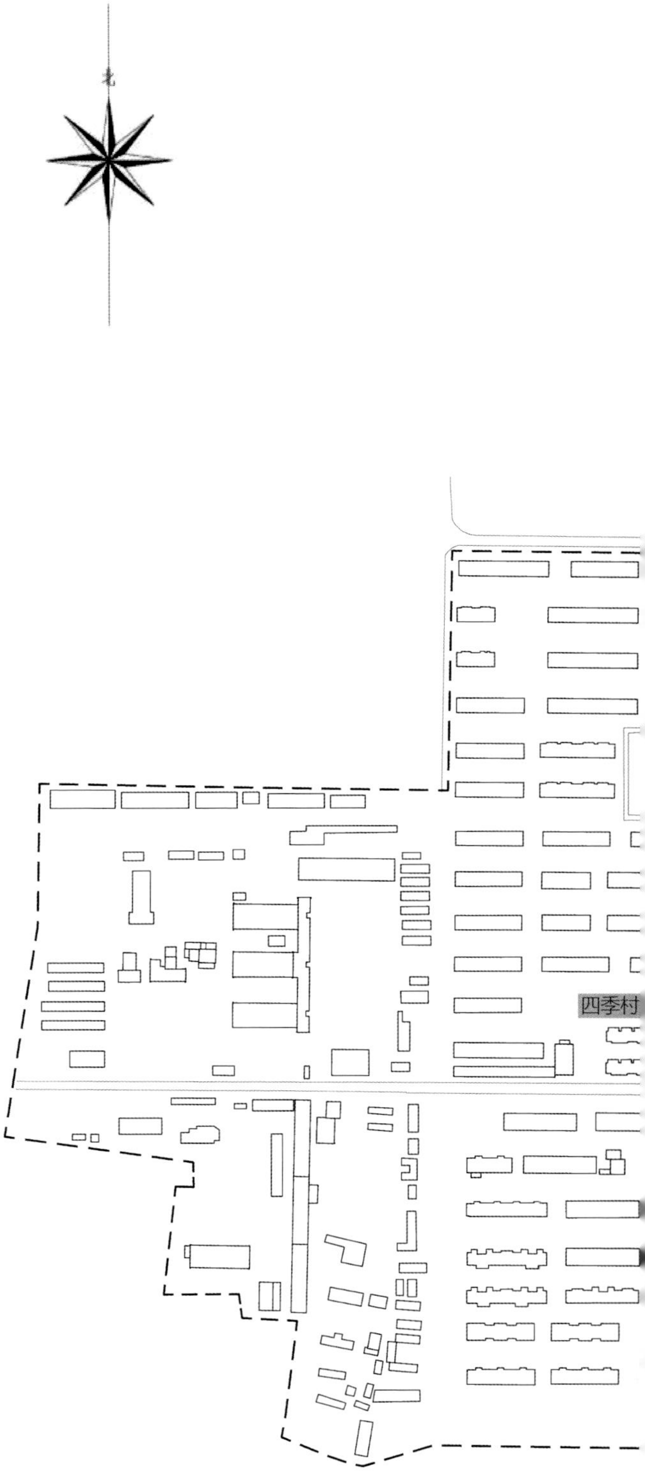

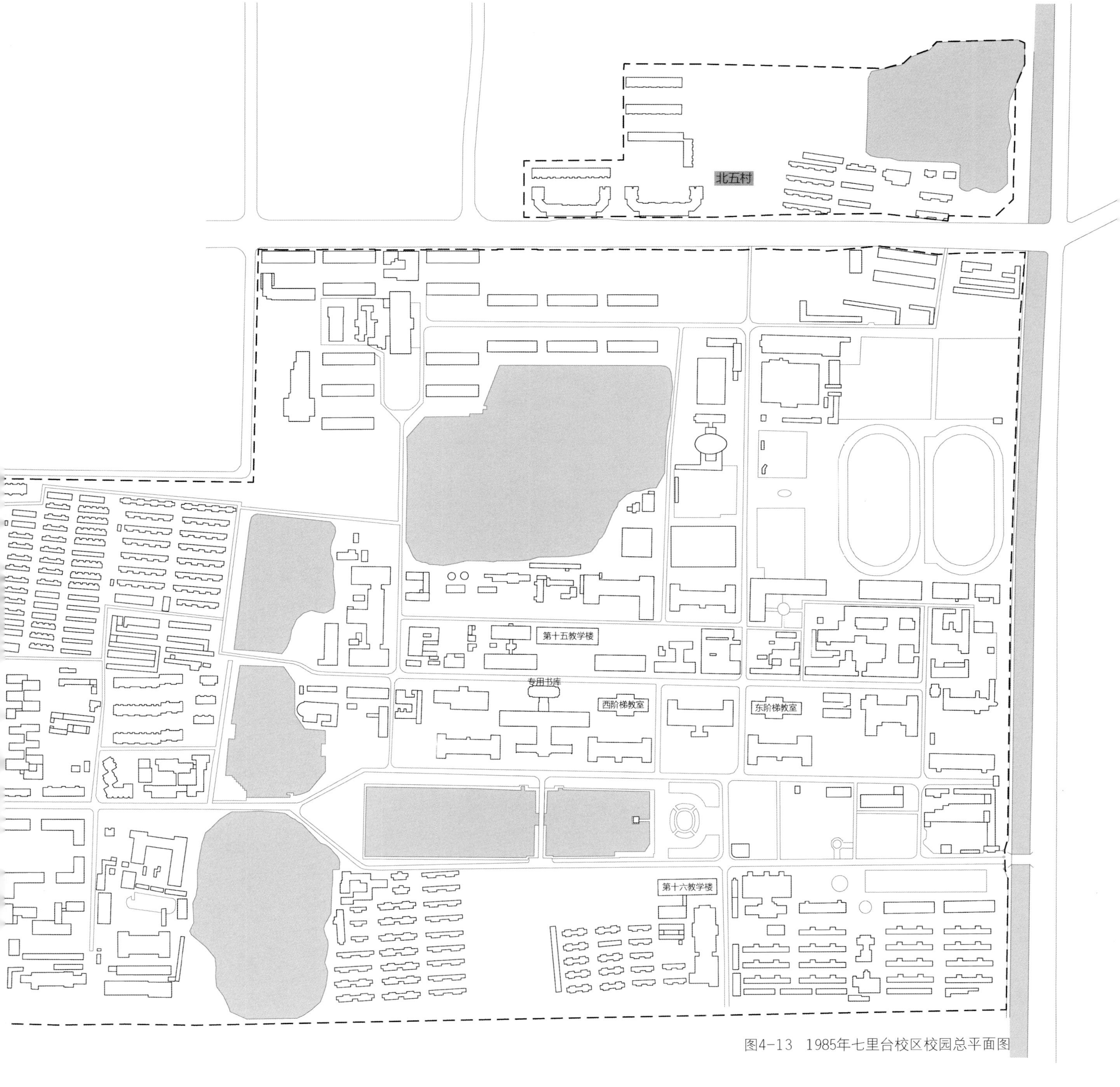

图4-13　1985年七里台校区校园总平面图

表4-5 1985年底前七里台校区建设的主要建筑（新增）

建筑性质	建筑名称	建筑面积 / 米 ^{2}	建成时间	结构形式	备注
公共建筑	图书馆书库	4500	1985 年	框架	
教学与科研建筑	内燃所低温实验室	489.71	1978 年	砖混	内燃所内
教学与科研建筑	第十五教学楼	5392	1979 年	砖混	
教学与科研建筑	结晶中心	1107	1980 年	砖混	石化中心院内
教学与科研建筑	第十六教学楼	8760	1982 年	框架	含南侧小二楼
教学与科研建筑	第二阶梯教室（西阶）	2063	1982 年	框架	
教学与科研建筑	精仪学院实验室	2063	1982 年	框架	原东阶梯教室
教学与科研建筑	船舶实验室	1657	1982 年	砖混	内燃所对面院内
教学与科研建筑	港工结构实验室	588	1983 年	砖混	原土压力实验室
教学与科研建筑	计算中心楼	2298	1984 年	砖混	含 1993 年扩建的 450 平方米
教学与科研建筑	船模实验楼	1019	1984 年	砖混	内燃所对面院内
教学与科研建筑	水工水流实验室	650	1985 年	砖混	水利馆内平房
学生宿舍与食堂	留学生宿舍	4870	1980 年	砖混	原专家楼招待所，含 1997 年扩建的 2420 平方米
学生宿舍与食堂	学二食堂	3148	1982 年	框架	含清真食堂
学生宿舍与食堂	学生宿舍 41 斋	5260	1985 年	框架	
教职工公寓	四季村	总约 55000	20 世纪 80 年代	混合结构	
附属配套用房	收发室	79	1977 年	砖混	七里台门口
附属配套用房	石化中心平房车间	122	1978 年	砖木	原高分子锅炉厂
附属配套用房	第十一教学楼锅炉房	983	1980 年	框架	含 1991 年扩建的 445 平方米
附属配套用房	后勤集团宿舍	1098	1982 年	砖混	含地热泵房，原六里台地热浴室
附属配套用房	附小教学楼	3371.3	1982 年	框架	
附属配套用房	木工厂	630	1983 年	框架	原六里台锅炉房
附属配套用房	退协活动中心	216	1983 年	混合	原六村餐馆
附属配套用房	四季村副食店	1050	1985 年	砖混	菜市场西
附属配套用房	老干部处活动中心	515	1985 年	混合	42 斋内
附属配套用房	机械厂	—	—	—	
附属配套用房	自动化设备厂	—	—	—	
附属配套用房	精密仪器厂	—	—	—	
附属配套用房	电子仪器厂	—	—	—	
附属配套用房	半导体器件厂	—	—	—	
附属配套用房	高分子材料厂	—	—	—	
附属配套用房	印刷厂	—	—	—	

周边均为水塘，可供拓展的空地明显不足；其次，校园西侧布局较为散乱；另外，校园发展倾向于中部偏东的教学行政区和西侧的教职工住宅区及生活服务区，但是这两个区域和校园北侧的学生宿舍区、北五村教职工宿舍区的联系，因为有水塘的阻隔而显得极为薄弱。

5. 快速发展时期（1986—1999）

随着20世纪80年代中国高等教育的快速发展，天津大学开始由单一的工科院校向以工科为主的多科性院校转变和拓展，因此学校加大了七里台校区的建设力度。由于七里台校区在之前的几个发展阶段进行的是填空式的校园建设，学校内除水塘外的可用建设用地上基本建满了建筑。因此，自1985年90周年校庆之后，七里台校区开始对学校的校园规划进行调整：对校园南部区域进行重新规划；在鞍山西道南北两侧进行大量学生宿舍和教职工宿舍（北五村）的建设；征用了西大坑的土地，并进行了用地性质置换；填垫一系列水塘以增加建设用地。这使得七里台校区的功能分区逐渐变得更加清晰、合理，形成了以教学行政区为中心，学生宿舍区和体育运动区位于教学行政区南北两侧，教职工宿舍区位于校园西、北边缘的校园格局。

20世纪80年代末，鞍山西道的建设占用了校园内约4万平方米（约60亩）土地。作为补偿，天津市政府将学校西北侧约5万平方米（约75亩）土地和八里台立交桥西南端两幢住宅楼拨归天津大学，使原本参差不齐的学校西北边界线趋于规整（图4-14）。鞍山西道建设后，校园主体和北五村教职工宿舍被道路分隔开，于20世纪90年代末修建了过街天桥[①]，使隔路相望的两校区以一种较方便的方式连接起来[②]，校园西侧的道路也逐渐融入了城市路网。之后，七里台校区开始在鞍山西道两侧进行校园建设。

1992年，国家教委和天津市规划局批准天津大学征用西大坑部分土地9.1万余平方米（143.5亩）。学校将新征用的地块与教职工宿舍一、二村的土地进行了用地性质置换，一、二村的土地被规划为教学科研用地，西大坑土地被用来规划筹建新的教职工宿舍　建成了新园村一期教职工住宅[③]。

1986年至1999年间，天津大学七里台校区的建设规模大、速度快。第十七、十八、十九、二十、二十一（该楼为建筑馆）、二十二教学楼（北洋科学楼）及一批教学实验用房、教师宿舍、学生宿舍等陆续建成，并于1990年建成科学图书馆（邵逸夫先生捐资1000万港元），1996年底建成大学生活动中心（邵逸夫先生捐资300万港元），1999年建成游泳馆。原教职工宿舍一、二村也在这期间进行了拆迁。拆迁地和拆迁地之间的水面填垫后的区域改为教学区，修建了科学图书馆、北洋科学楼等建筑，自此人工湖南岸逐渐形成教学楼群。同时，学校对三、四村职工宿舍进行了改造规划。

1995年天津大学建校100周年时，天津大学北京校友会和天津校友会分别筹资建造了学校的新东门和新北门。人工湖定名为敬业湖，并在湖东侧修建了百年校庆纪念亭。至此，重修的学校东门和北洋亭、北洋广场、湖心亭、敬业湖以及第二十一教学楼连成一线，逐渐形成了空间效果十分强烈的东西向轴线，取代了由第九教学楼控制的南北向轴线在校园中的主导地位，成为控制七里台校区教学行政中心区的主要轴线。

① 即丰田桥，建设费用由丰田公司提供并冠名。
② 李金甫老师回忆，音频采访。
③ 同②。

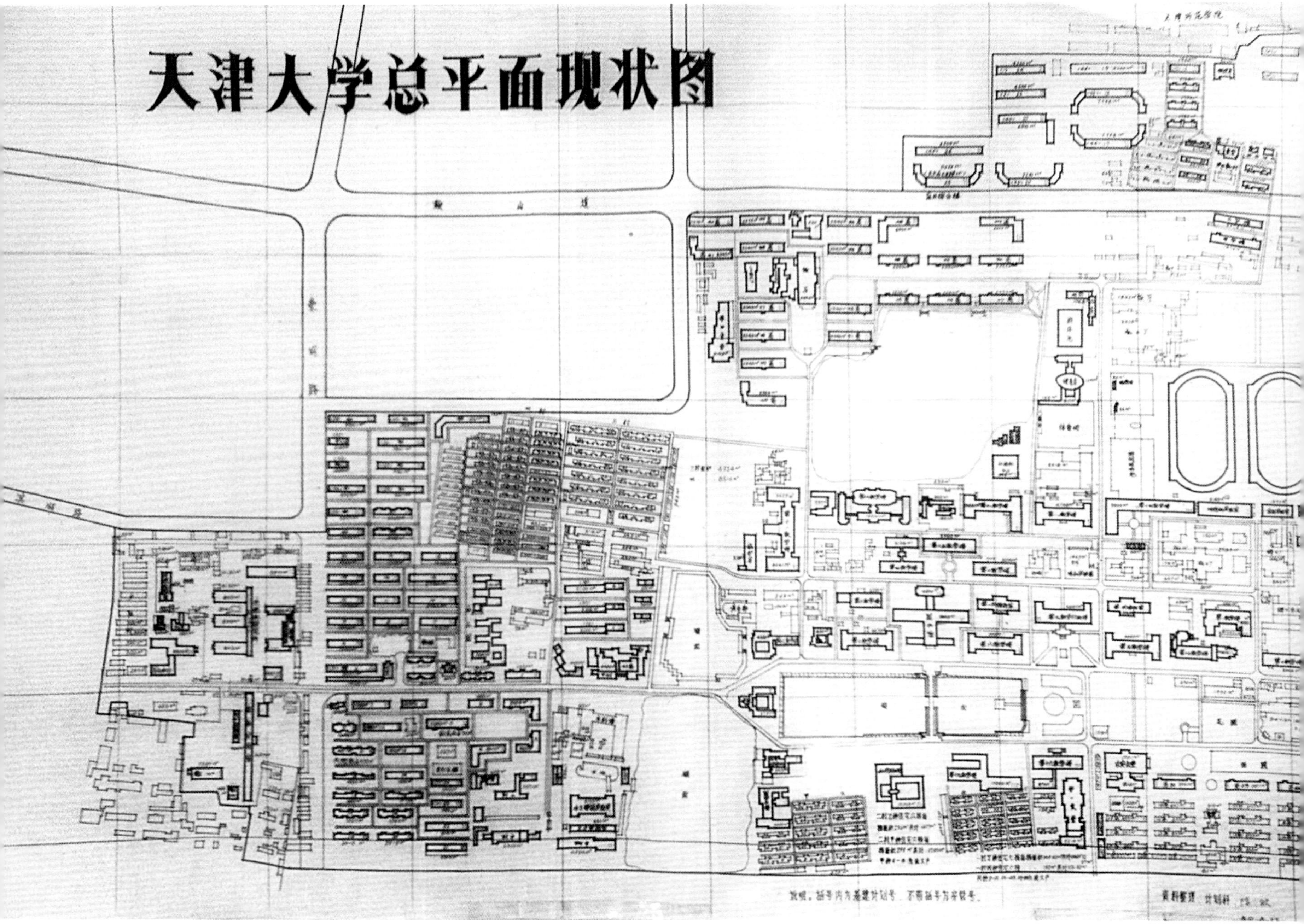

图4-14　1990年七里台校区校园总平面现状图

这个时期校园内新建的建筑均为多层，单栋建筑的规模较之前有所加大，且此时建成的建筑立面也不再是琉缸砖清水墙，代之以浅色涂料或面砖。建筑体量也变得更加简洁，开窗方式为横向条形窗或系列方形窗，屋顶形式皆为平屋顶，不再使用传统的坡屋顶形式。敬业湖北侧深色琉缸砖墙、坡屋顶的传统式建筑，与敬业湖南侧平屋顶的白色现代式建筑形成了鲜明的对比，构成了校园东西向主轴线两侧别具特色的建筑风格。学校内水面的规模与位置也基本在此阶段定型，并基本形成了现在的校园交通系统。截至1999年，学校占地面积达136.1万余平方米，建筑面积80万余平方米（图4-15、表4-6）。

6. 基本定型时期（2000年至今）

自2000年至今，七里台校区又兴建了一批教学用房、教职工住宅、学生宿舍以及体育馆。2000年到2005年间，学校建成了鹏翔学生公寓区和第二十三、二十四、二十五教学楼及行政楼、冯骥才文学艺术研究院、综合实验楼等教学、行政用房，并且拆除了原学三食堂，新建了学一、学四食堂，同时在学校西侧的西大坑完成了新园村二期教职工住宅的建设。其中，鹏翔学生公寓区是在原三村教职工宿舍拆迁后的地块上建成，原三村教职工宿舍用地与学校征来的西大坑用地进行了土地用地性质置换。至此，加上20世纪90年代初进行用地性质置换的原教职工一、二村与西大坑部分土地，敬业湖周边的教职工宿舍一、二、三村用地都置换成教学科研用地，纳入了以教学行政区为主、学生宿舍区为辅的学校中心组团。

到2005年，七里台校区占地面积达到了147万余平方米，建筑面积达110万余平方米（图4-16、表4-7）。

2006年到2015年的十年里，七里台校区的建设速度明显放缓。2006年学校新建了学五食堂，2007年在与南开大学相邻处建成天南大联合大厦，2009年2月在校园南侧建成第二十六教学楼，2010年1C月在校区东北角建成新的体育馆，2011年在原工会俱乐部旧址上建设了新的工会俱乐部，此外还进行了一些零星的建筑修建工程。此后七里台校区内没有再进行新建筑的建设（图4-17）。

自2000年以来，高校扩招，在校学生数量激增。由于七里台校区校园内基本已经没有空地进行建设，同时学校周边也基本没有能够允许其扩充的城市空地，因此在拆旧建筑的基础上建新建筑，多采用提高容积率的方法来解决用地紧张的难题。校园建设一改之前几个阶段建筑高度基本在五层以下的高密度、低容积率的建设模式，新建了一些体量高大的建筑，如2006年建成的第二十五教学楼共有12层，2005年建成的鹏翔学生公寓也有12层高，新园村教职工住宅二期也全为高层住宅。

2007年7月，天津大学购买了原天津师范大学北院地块，该地块北起双峰道，南至天津师范大学北里和天津大学北五村居民区，东起天津师范大学北里居民区，西至天津师范大学北里和佳音里居民区，面积为45297.6平方米。地上建筑计有教学楼2幢、图书馆1幢、学生宿舍2幢、学生餐厅1幢、小礼堂1幢、锅炉房及平房等，房屋建筑面积约为27455平方米。但购买后该处校园并未正式启用，暂借天津中医药大学使用。

2008年以后，天津大学启动新校区的建设工作，至此，卫津路校区的建设基本停止，每年只进行一些维修改建性的工作。

据2020年初步核实，卫津路校区占地面积1370220.4平方米（约2055.3亩）。校区边界包括主校区和北五村地块。

主校区：北侧、东侧和西侧边界大部分由围墙确定，南侧边界由围墙和天南路中线确定。

北五村地块：北侧、东侧和西侧边界大部分由围墙确定，南侧边界由建筑外轮廓线和1895大厦南部停车场外轮廓线确定。

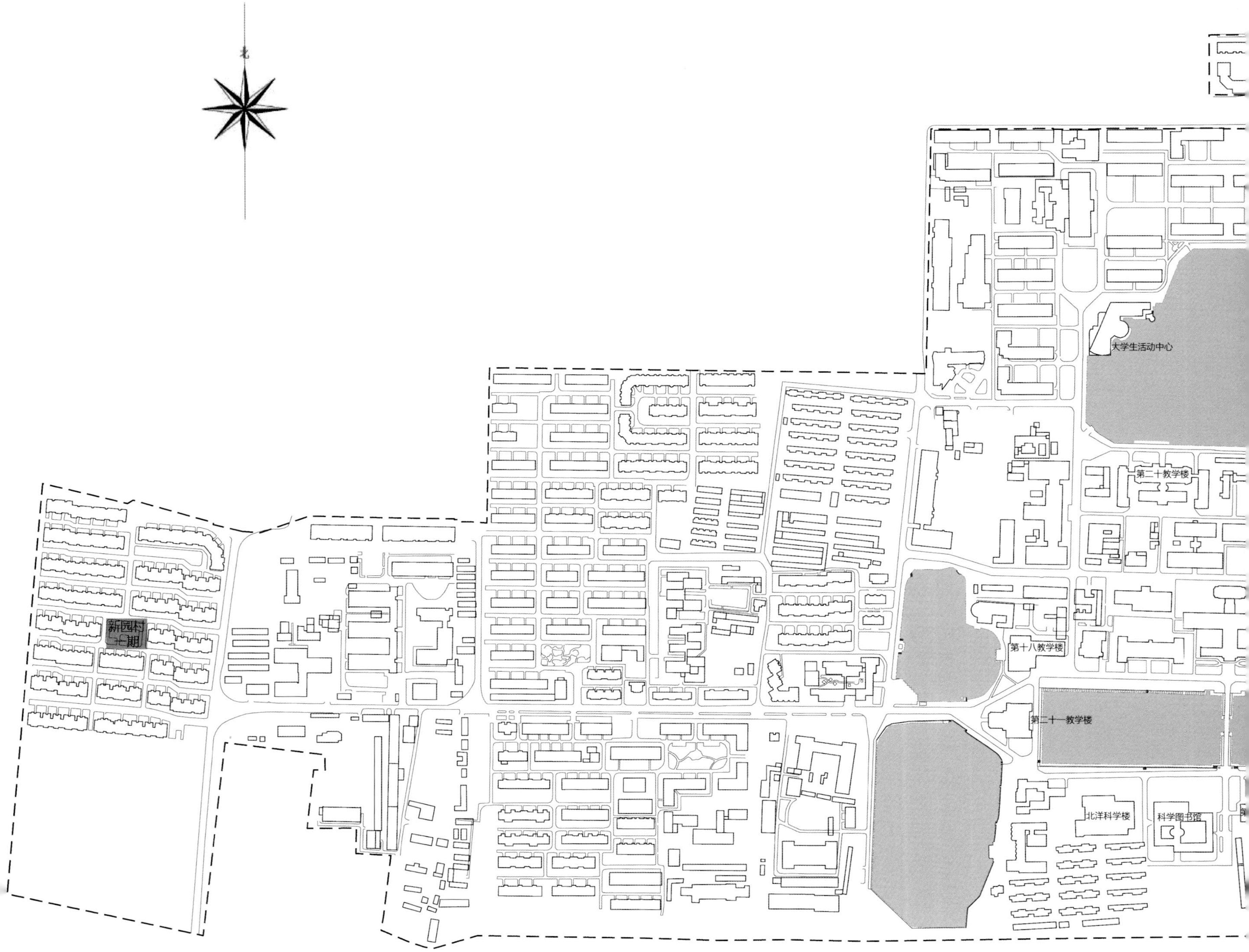

图4-15 1999年七里台校区校园总平面图

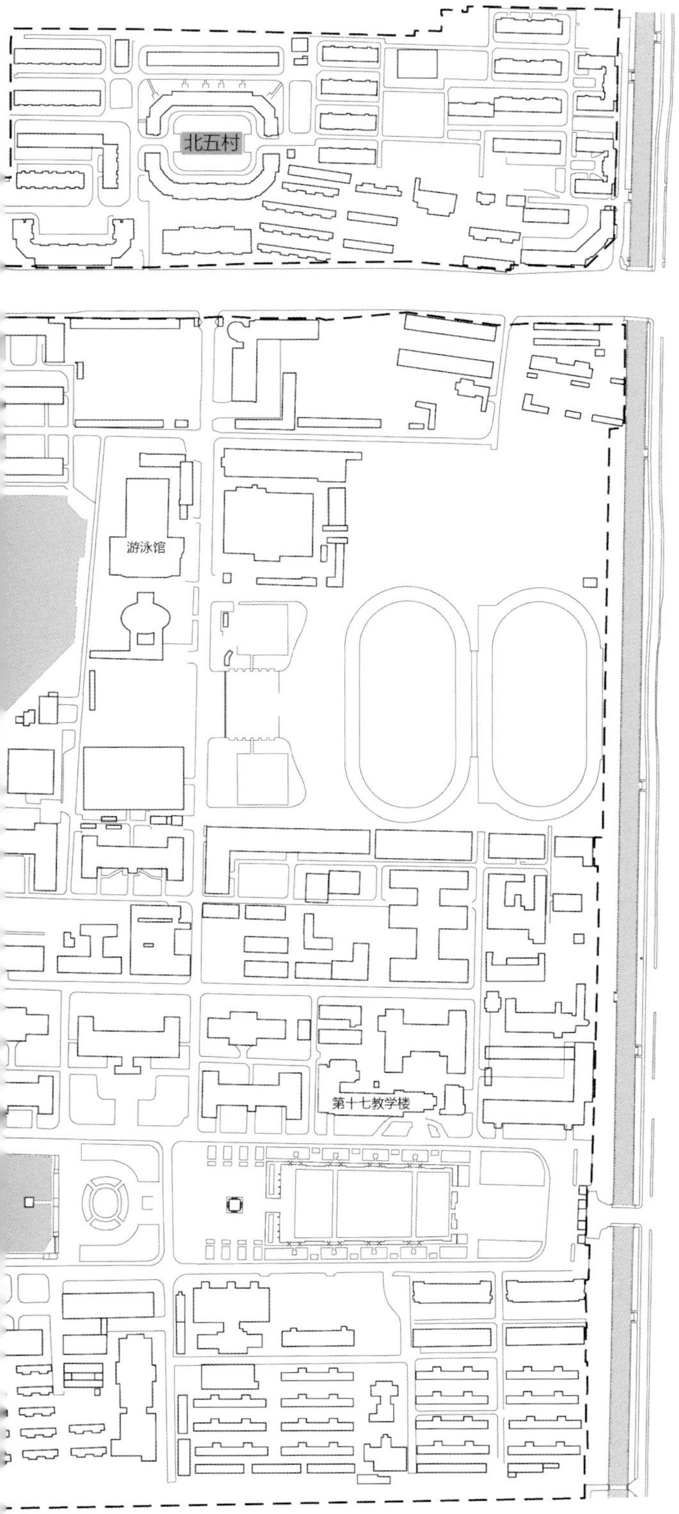

表4-6 1999年底前七里台校区建设的主要建筑（新增）

建筑性质	建筑名称	建筑面积/米²	建成时间	结构形式	备注
公共建筑	科学图书馆（南馆）	10968.00	1990年	框架	
公共建筑	大学生活动中心	4096.00	1996年	框架	
公共建筑	游泳馆	3621.00	1999年	框架	
教学与科研建筑	第十七教学楼	8842.00	1986年	框架	含2003年接建的970平方米
教学与科研建筑	第十八教学楼	5202.00	1986年	框架	含1998年接建的952平方米
教学与科研建筑	第十九教学楼	11981.00	1986年	框架	含1995年接建的981平方米
教学与科研建筑	建工学院教学楼	4994.00	1986年	框架	原附中东楼
教学与科研建筑	第十教学楼东配楼	2400.00	1987年	砖混	
教学与科研建筑	地热实验楼	2200.00	1987年	砖混	第十四教学楼东侧
教学与科研建筑	石化中心实验楼	9500.00	1987年	框架	石化中心院内
教学与科研建筑	海工实验楼	1870.00	1988年	砖混	分海工东楼/西楼
教学与科研建筑	燃烧学重点实验室	2990.00	1988年	砖混	内燃所东侧
教学与科研建筑	第二十教学楼	16331.00	1989年	框架	
教学与科研建筑	第二十一教学楼	7775.00	1989年	框架	含2004年接建的985平方米
教学与科研建筑	王学仲艺术研究所	800.00	1988年	框架	
教学与科研建筑	泥沙楼	323.72	1987年	砖混	网架楼后
教学与科研建筑	内燃所内燃机车间	1500.00	1990年	框架	内燃所内
教学与科研建筑	管理学院西院（教室）	850.00	1991年	框架	原化工厂院内
教学与科研建筑	建工学院教学楼	1999.00	1991年	框架	网架楼，青年湖边
教学与科研建筑	管理学院西院（科研）	1500.00	1991年	混合	原化工厂院内
教学与科研建筑	土木系结构实验室	1777.00	1991年	框架	土建馆西侧
教学与科研建筑	检测技术国家重点实验室	1405.00	1993年	框架	第十七教学楼东配楼
教学与科研建筑	北洋科学楼	10051.00	1995年	砖混	第一科学楼
教学与科研建筑	成教学院教学楼（B座）	4366.00	1997年	框架	
学生宿舍与食堂	学生宿舍43斋	6000.00	1986年	砖混	
学生宿舍与食堂	学生宿舍44斋	6000.00	1987年	砖混	
学生宿舍与食堂	学生宿舍45斋	5260.00	1988年	砖混	
学生宿舍与食堂	学生宿舍46斋	5301.00	1990年	砖混	
学生宿舍与食堂	留学生宿舍	6400.00	1990年	框架	留园
学生宿舍与食堂	学生宿舍47斋	5000.00	1997年	砖混	
学生宿舍与食堂	学生宿舍58斋	1756.00	1997年	—	成教学院C座
学生宿舍与食堂	成教学院宿舍	3974.00	1997年	框架	A座
学生宿舍与食堂	学生宿舍48斋	5071.00	1998年	砖混	
学生宿舍与食堂	学生宿舍57斋	10096.00	1999年	砖混	原青年公寓
教职工公寓	新园村一期	6491	1998年	混合	

续表

建筑性质	建筑名称	建筑面积 / 米 ^{2}	建成时间	结构形式	备注
附属配套用房	幼儿园用房	5158.50	1986 年	砖混	
附属配套用房	七里台地热浴室	1048.00	1987 年	砖混	地热医疗楼改造，综合实验楼北侧
附属配套用房	北五村电站	213.00	1987 年	砖混	
附属配套用房	船池电站	216.00	1989 年	砖混	
附属配套用房	42 斋招待所	4711.00	1989 年	砖混	含扩建食堂 368 平方米
附属配套用房	水利馆电站	192.00	1992 年	砖混	六村东侧
附属配套用房	填料大楼	7010.00	1993 年	框架	七里台校区北门东侧
附属配套用房	垃圾清运站	450.00	1993 年	框架	校医院对过
附属配套用房	校医院	3700.00	1993 年	砖混	
附属配套用房	十一楼变电站	220.00	1994 年	砖混	第十一教学楼北侧
附属配套用房	天大百货店	374.00	1995 年	砖混	
附属配套用房	科贸楼	2125.00	1995 年	框架	其中两层产权已转移
附属配套用房	后勤集团运输中心	1540.00	1997 年	框架	校医院对过
附属配套用房	建行、邮局等用房	4258.00	1999 年	混合	57 斋 A 座

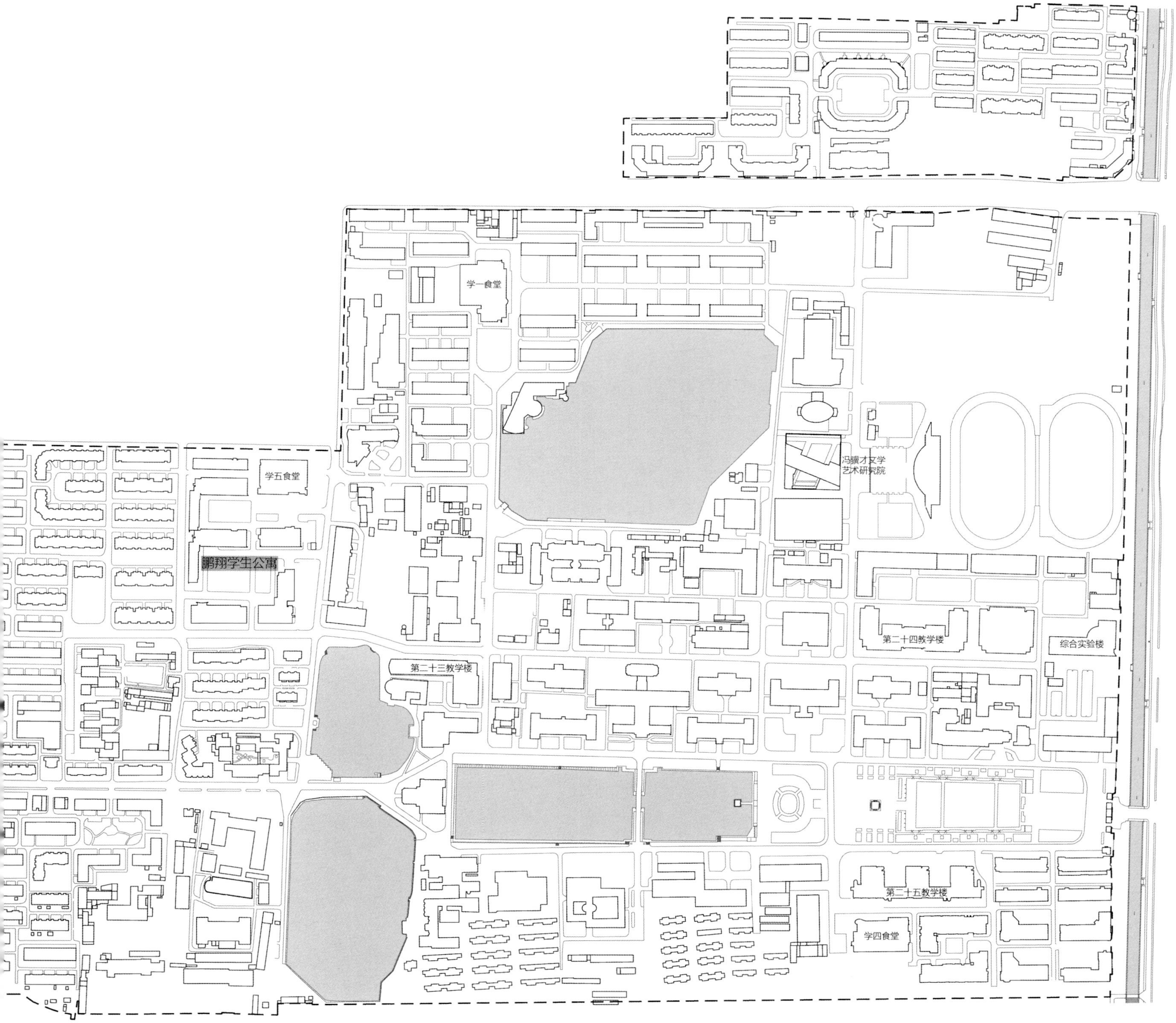

图4-16　2005年七里台校区校园总平面图

图4-17 2019年七里台校区校园总平面图

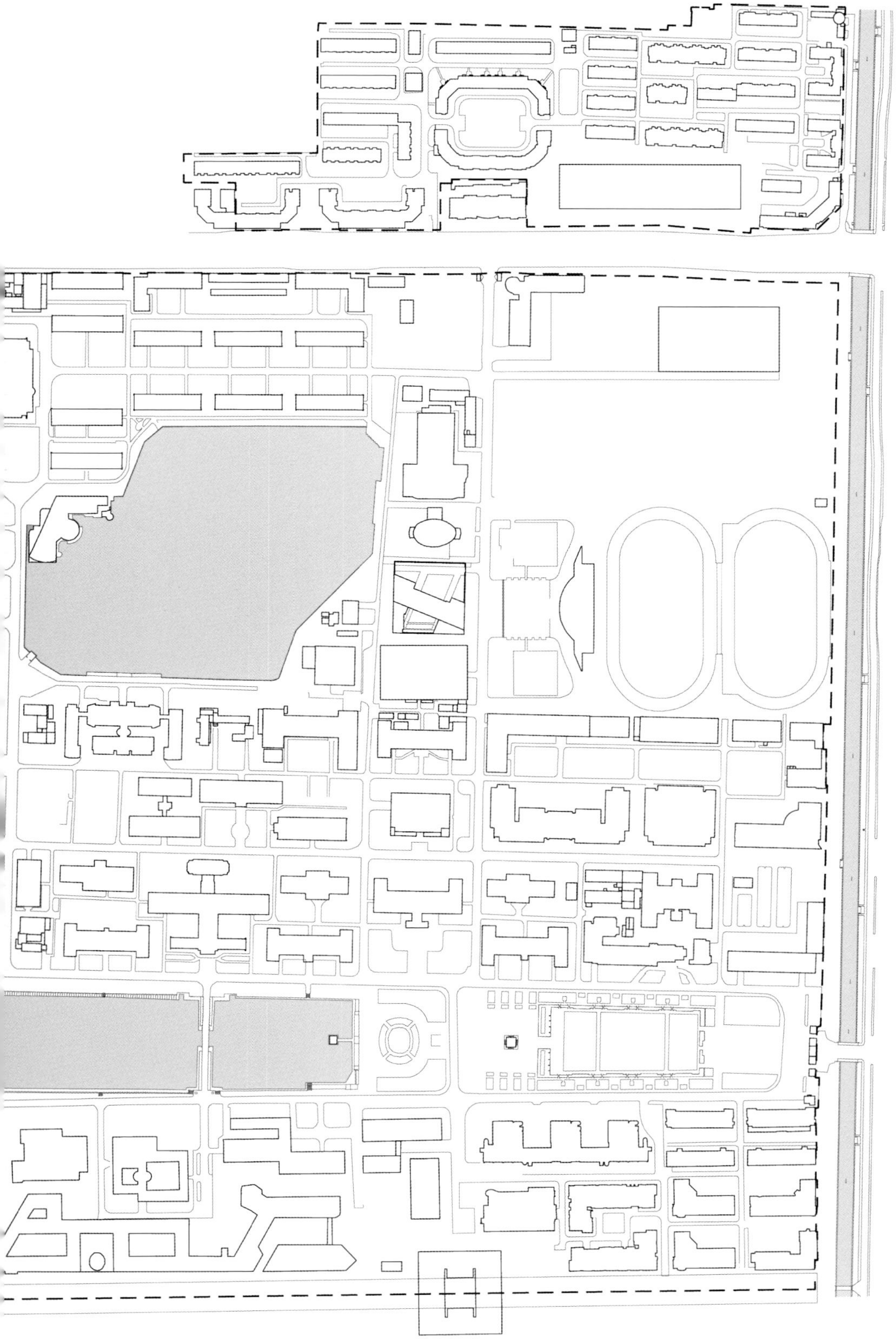

表4-7 2005年底前七里台校区建设的主要建筑（新增）

建筑性质	建筑名称	建筑面积/米²	建成时间	结构形式	备注
公共建筑	体育场	87077	2002 年	—	
公共建筑	会议楼	7900	2004 年	框架	含地下车库
教学与科研建筑	第二十三教学楼	11918.00	2000 年	框架	
教学与科研建筑	化工基础实验中心	2551.00	2000 年	框架	第二十三教学楼东
教学与科研建筑	内燃所内燃机实验楼	4477.00	2000 年	框架	内燃所内
教学与科研建筑	体育部办公室	2050.00	2003 年	框架	体育场看台下
教学与科研建筑	综合实验楼	14341.00	2003 年	砖混	第十教学楼北侧
教学与科研建筑	第二十四教学楼	21058.00	2004 年	框架	
教学与科研建筑	第二十五教学楼	39518.00	2006 年	框架	含地下室
教学与科研建筑	冯骥才文学艺术研究院	5108.00	2005 年	框架	
教学与科研建筑	金工实习大楼	16104.00	2005 年	框架	
学生宿舍与食堂	学生宿舍 49 斋	7359.30	2000 年	砖混	
学生宿舍与食堂	学生宿舍 50 斋	7077.20	2000 年	砖混	
学生宿舍与食堂	学生宿舍 51 斋	7077.20	2000 年	砖混	
学生宿舍与食堂	留学生公寓	6246.00	2000 年	砖混	谊园
学生宿舍与食堂	学生宿舍 52 斋	13157.00	2002 年	框架	
学生宿舍与食堂	学生宿舍 53 斋	12096.00	2002 年	框架	
学生宿舍与食堂	学一食堂	12872.00	2003 年	框架	含地下室
学生宿舍与食堂	学四食堂	9700.00	2003 年	框架	含地下室
学生宿舍与食堂	学生宿舍 55 斋	30560.00	2004 年	框架	鹏翔 1 斋、2 斋
学生宿舍与食堂	学者公寓	4766.00	2004 年	砖混	
学生宿舍与食堂	博士后公寓	7794.00	2004 年	砖混	
学生宿舍与食堂	学生宿舍 54 斋	11369.00	2005 年	框架	鹏翔 3 斋
学生宿舍与食堂	学生宿舍 56 斋	31852.00	2005 年	框架	鹏翔 4 斋、5 斋
教职工公寓	教工公寓新园村 -18	12270.93	—	钢筋混凝土	
教职工公寓	教工公寓新园村 -19	18404.43	—	钢筋混凝土	
教职工公寓	教工公寓新园村 -20	18404.43	—	钢筋混凝土	
教职工公寓	教工公寓新园村 -21	18404.43	—	钢筋混凝土	
教职工公寓	教工公寓新园村 -22	18404.43	—	钢筋混凝土	
教职工公寓	教工公寓新园村 -23	19856.86	—	钢筋混凝土	
教职工公寓	教工公寓新园村 -24	19856.86	—	钢筋混凝土	
附属配套用房	后勤集团员工宿舍	1770.00	2001 年	框架	

第二节　校园建筑

天津大学七里台校区各年代的建筑规模发展虽偶有停滞，但依然呈逐渐增大趋势。20世纪50年代建校伊始，经历了第一次大的建设高峰，校园建筑初具规模。60年代，国家处于特殊时期，七里台校区新增建筑很少，这种情况一直持续到70年代。在国家拨乱反正、改革开放以后，校园建设进入快速发展时期。80年代和90年代各经历了一次建设高峰期，基本形成了现在的建筑规模（图4-18）。

七里台校区的建筑风格，除建校之初的第一、二、三、四教学楼，外墙是红砖的材质和颜色外，第五、六、七、八、九教学楼与老图书馆，包括学生宿舍1斋到37斋，都是用的硫缸砖，外面不加粉饰。七里台校区后来的建筑，也是按照这个方式进行建设，即使是重新修整，也是按照建筑的本色进行[7]74。

七里台校区因其建设历程较长，其间各建筑功能发生多次变更，造成现在部分建筑的名称虽延续其最初名称，但其功能或许已有变动。

图4-18　七里台校区校园建设发展

1. 公共建筑

（1）图书馆

七里台校区图书馆，即北馆，前身为北洋大学图书馆，与学校同时建于1895年，为我国最早建立的高校图书馆。后校址多次搬迁，图书馆亦随之搬迁。现图书馆北馆为1958年所建，建筑面积为9853平方米，砖混结构（图4-19）。建筑平面布局为T形，入口门廊为硕大的方柱，简洁朴实。内庭中轴以宽大、平缓、单跑式楼梯直通二层，强烈的导向性和上升感将读者引入分布在各层的各类阅览室[8]。

图书馆内布局随学校发展而不断进行调整，现设阅览座席1000余席（含特殊座席282席）、大小研究厢9间，同时设有可供36人欣赏影片的集体视听室，配备了拥有14套高端设备的单人视听室，1间135平方米的多功能厅、建筑专业阅览室、法学专业阅览室以及可容纳56人的新型电子阅览室[7]86-88。

图4-19　图书馆

（2）健身馆

健身馆位于青年湖东岸，太雷路西侧，在游泳馆和冯骥才文学艺术研究院之间。该馆建于1965年，原为篮球馆，建筑面积约1200平方米，建筑屋顶为我国首例双曲抛物面悬索结构。2013年9月学校对该馆进行修缮，现为健身馆（图4-20）。馆内运动场地为实木地板，铺设地胶，配有照明、音响和空调设备，设有篮球架1副，活动排球网架1个和羽毛球网架4个。馆内可进行篮球、排球、羽毛球、乒乓球、体育舞蹈、街舞、瑜伽、跆拳道等项目的体育教学、训练和学生课余活动。

（3）科学图书馆

科学图书馆即图书馆南馆，又称逸夫楼，由香港邵逸夫先生捐资、学校筹资兴建，坐落于教学区敬业湖南岸，隔桥与北岸的老图书馆遥相呼应。科学图书馆于1988年夏天动工，1990年春天落成，建筑面积10968平方米，框架结构（图4-21）。20世纪80年代，学校建筑风格由建校初期大屋顶、清水砖墙的传统风格逐步转变为平屋顶、白色涂料或瓷砖墙面的现代风格，科学图书馆即为这种建筑风格的典型代表，与敬业湖北岸20世纪50年代建筑风格的建筑群形成鲜明对比[9]。

科学图书馆定位为以信息服务与情报研究为主，依托电子资源为读者提供相关服务[7]86-88，作为图书馆北馆之功能补充，由东、西两部分组成。东半部为5层，是科学图书馆的主体部分，共计8000平方米，设有4个开架阅览室、3个开架书刊库以及视像厅、听音室、缩微阅读室，共有阅览座位922席。西半部为3层，是进行学术研讨的场所，共计2968平方米，拥有1个设备齐全的现代化学术报告厅、1个可容纳100余人的多功能会议厅、2个小会议室、3个微机室和18个学者研究室[10]。

（4）大学生活动中心

大学生活动中心简称“大活”，位于青年湖西北角。

图4-20　健身馆

图4-21　科学图书馆

1996年底落成，建筑面积4096平方米，框架结构。建筑整体色彩以白色为主，简约大方，带有20世纪90年代学校建筑后现代主义风格的典型特色。其独特之处在于建筑有一部分坐落在水上，走在环桥上可俯瞰青年湖；建筑顶部的平台可作为观景平台，坊间亦有别称“水云间”（图4-22、图4-23）。

建筑内部有教室、排练室、展室等，是天津大学的艺术教育阵地。北洋艺术团的各个团体，如合唱团、管弦乐团、

图4-22　大学生活动中心

图4-23 青年湖畔的大学生活动中心

舞蹈队等常在这里训练彩排。一层报告厅可容纳500人，常用于举办学术报告、讲座、音乐会等[7]64-67。

（5）游泳馆

游泳馆建于1999年，坐落于原游泳池的旧址上。总建筑面积3621平方米，框架结构，由学校自筹资金近1300万元修建而成。建筑外观以“浪花”为原型，配以流畅的屋顶造型和蓝色的外墙线条，具有很强的现代主义风格（图4-24）。馆内宽敞明亮，设施齐全，设有多条标准泳道和不同深度的泳区，供教学和训练使用[7]103。

（6）体育场

体育场所在区域一直是七里台校区的运动区，现体育场是在原运动场基础上提升改造而成，2002年10月建成投入使用（图4-25）。体育场总占地面积87077平方米，包括两个相邻的标准田径场，面积36500平方米，其中西田径场和足球场于2015年9月修缮完毕。在田径场的南北两端，分别设有一块集中器械场地。场内设有标准篮球场24个、排球场10个、网球场13个、9毫米厚聚氨酯塑胶场地1个、50米网

图4-24　游泳馆

球墙1面。在体育场的东北角建有天津大学心理素质拓展基地，占地面积约2000平方米，可开展100余项高、中、低空训练项目（图4-26）。

（7）会议楼

会议楼于2004年8月竣工，总建筑面积7900平方米（包括地下车库），框架结构（图4-27）。建筑功能主要由财务

图4-25　体育场主入口与看台

图4-26 体育场鸟瞰

与注册中心、办公区域、会议室及报告厅三大部分组成。

建设用地为一规整矩形，位于校园南北教学轴线上，南北两侧分别是建于20世纪50年代具有中国传统建筑风格的第九教学楼及第八教学楼。考虑到基地南北两座教学楼的墙面材料均为深褐色的清水砖，会议楼立面材料上选用了青灰色干挂石材。这两种质地不同的材料，形成了粗糙与光滑的对比，也衬托出时代的差异。铺设有灰色陶瓦的凹曲屋顶是行政办公楼的独特标志，也是与周围环境相呼应的重要媒介[11]。

（8）体育馆

体育馆于2005年10月2日学校建校110周年时，由荣智健校友倡议并捐资3000万元提出建设意向，2010年10月竣工验收，总建筑面积13835平方米，框架结构[7]99（图4-28）。

体育馆位于校园东北角，体育区的北部，北临鞍山西道，东面紧邻卫津河和城市主干道卫津路。它可作为天津大学承办体育赛事，举办大型集会、文艺汇演的主要场所，亦

图4-27　会议楼

图4-28　体育馆

考虑平时为在校学生提供健身、文体、教学、娱乐服务，并可兼顾文艺演出、会议、展览等需求。馆内看台设固定座椅4000席，活动座椅1000席。体育场地尺寸为长44米，宽24米，可以进行正式的篮球、手球比赛，平时使用可容纳2个篮球或排球场地，或最多15个羽毛球练习场地。学校每年都会在体育馆举办隆重的开学典礼和毕业典礼，使这里成为学生们在学期间最有纪念意义的场所（图4-29）。

2. 教学与科研建筑

（1）第一、二、三、四教学楼

第一、二、三、四教学楼均建于1952年。其中第一、二、三教学楼为迁校时第一批建设工程，1952年5月26日随其他一期工程共同开工，仅用150天一期工程就全部完工。一期工程完工后，尚结余建设经费66亿元（约合66万元），学校决定加建两座建筑，即第四教学楼和老工会俱

图4-29　在体育馆举办的毕业典礼

乐部。第四教学楼1952年9月动工，年底竣工（图4-30~图4-33）。

第一、二、三、四教学楼皆为砖混结构，建筑面积分别为3593平方兴、2229平方米、2225平方米和3138平方米。因当时建设工期短、任务重，这些教学楼均以简洁实用为建设目标，没有繁复的装饰线脚，仅采用不加粉饰的清水砖墙面和简式坡屋顶的建筑形式。这四座教学楼工程使用年限当时暂定为5到10年，但由于基建委员会对施工质量严格把关，其建筑使用寿命早已远远超出设计寿命，时至今日这些建筑经改造后仍发挥着作用。第一教学楼现为校史馆，第二教学楼现为保卫处、心理健康教育中心等办公用房，第三教学楼现为天津市分子光电科学重点实验室，第四教学楼现为建筑工程学院。

图4-30　第一教学楼

图4-31　第二教学楼

图4-32　第三教学楼

图4-33　第四教学楼

（2）第五、六、七教学楼

第五、六、七教学楼先后建成于1953年。三幢楼皆为砖混结构，外部造型和内部布局几乎完全一样。建筑面积分别为4950平方米、4680平方米和4670平方米。这三座教学楼与同时期其他建筑一样，外立面广泛地采用了表面粗糙、通常带有裂缝和突起的琉缸砖清水墙面，形成了特有的建筑肌理和光影效果[12]（图4-34~图4-36）。

第五、六、七教学楼沿东西干道（今敬业道）分列于后建成的第九教学楼和图书馆的东、西两侧，构成了沿湖岸方向连续的主要教学活动环境和校园景观。这五幢民族形式大屋顶的建筑与一片经修整的水面（今敬业湖）隔路相望，使得1952年规划的以第一教学楼为中心的南北主轴线被弱化，取而代之的是以第九教学楼为主导的南北主轴线及以图书馆为中心的副轴线。1957年周恩来总理陪同波兰部长会议主席西伦凯维兹到天津大学参观访问时，周总理就在第五教学楼前广场连夜搭建的主席台上发表了重要讲话[8]。

（3）第八教学楼

第八教学楼于1953年设计，1954年修建。建筑面积为4748平方米，砖混结构，是天津大学土木建筑工程系的教学楼。后来土木系与建筑系几经分合，第八教学楼一直是两系共用的教学楼。该楼现为海洋科学与技术学院用楼（图4-37）。

第八教学楼继续沿袭第五、六、七教学楼的建筑风格和平面布局，局部有所变化，如入口处理采用混凝土坡檐的门楼形式，使得中国传统建筑特色更加明显。

图4-34　第五教学楼

图4-35　第六教学楼

图4-36　第七教学楼

图4-37　第八教学楼

（4）第九教学楼

第九教学楼于1954年建成，是天津大学的形象标志，现为行政办公楼（图4-38~图4-40）。该楼总建筑面积为6887平方米，四层砖混结构，“工”字形平面，东西对称。主入口处从三个方向设高台阶直达二层，入口处有宽大的缓冲平台，平台及台阶均设简化的束莲栏板，入口上方出挑雨篷，雨篷下挑梁呈斗拱状。外檐为硫缸砖清水墙。楼顶为歇山屋顶，十字脊，屋脊鸱吻为和平鸽，极具时代特征。

图4-38　第九教学楼（一）

图4-39　第九教学楼（二）

图4-40　第九教学楼入口

单檐歇山、和平鸽、十字脊、大屋顶、彩画、耍头、高台阶、假台基，处处显示着第九教学楼作为主体建筑的威严，在左右两侧三层高、不施彩画、没有台基、尽显朴素的第五、六教学楼的衬托下，更把这种威严推向了极致。站在高大的月台上，背靠威严的第九教学楼，面前是绿地、矮树装点的广场，左右被第五、六教学楼环抱，远眺敬业湖，可明显感受到设计者对建筑尺度和环境空间的准确把握和匠心独运[8]（图4-41）。1958年毛泽东主席视察天津大学时，曾在该建筑高台阶上接见天大师生[13]；1995年天津大学百年校庆时，李瑞环、李岚清等国家领导人出席了在第九教学楼前广场举行的庆典仪式[8]。

图4-41　第六、第九、第五教学楼（从左至右）

（5）第十、十一、十二、十四教学楼

20世纪50年代末60年代初，一系列政治运动也影响了学校的建设活动。先是反浪费的大批判运动延缓了部分项目建设，接着响应国家号召将建设资源向工厂和车间倾斜，后又在三年困难时期建设活动基本停滞。这一时期校园建筑面积相较于建设初期呈整体缓慢扩大态势。

第十、十一、十二、十四教学楼（图4-42~图4-45）是这一时期比较重要的建设成果。其中，第十教学楼建于1957年，总建筑面积5364平方米，现为机械学院等单位使用。第十一教学楼建于1958年，总建筑面积13166平方米（含1983年接建的3625平方米），原为化工系楼，现为分子+研究院使用。第十二、十四教学楼均建于1961年，建筑面积分别为8580平方米、7938平方米，前者现为求是学部等单位使用，后者现为机械工程学院、生命科学学院等单位使用。这四座建筑均为砖混结构，虽为不太规整的L形平面布局，正立面仍然保持严谨的对称，属于20世纪60年代规整、封闭的单一建筑模式的典型代表[1]。

值得注意的是，现存第十二和第十四教学楼，未见有第十三教学楼，绝非是建筑损毁消失，而是当时大部分学院不愿意用“十三”作为自己的楼号，故而第十三教学楼虽有规划，却一直未建设，直接跳过了“十三”这一楼号。

图4-42　第十教学楼

（6）第十五教学楼

“文革”期间，天津大学的基本建设基本处于停顿状态。建于1979年的第十五教学楼是“文革”后校内建设的第一幢教学楼，距第十四教学楼的建设已过了18年（图4-46）。

图4-43　第十一教学楼

① 资料来源：天津大学杨葳老师提供。

图4-44　第十二教学楼

图4-45　第十四教学楼

图4-46　第十五教学楼现状

第十五教学楼占地面积1350平方米，总建筑面积5392平方米，建筑结构为纵横墙承重的砖混结构。该楼最初为电化教学楼，2012年改造成生命科学学院的科研办公楼[14]。改造后建筑达到现行《绿色建筑评价标准》的二星级。外表面钢框架承载了改造工程增加的荷载，将遮阳、竖向绿化、实验室通风装置、设备装置等整合在一起，并刻意保留了基地原有树木，用本地经济性植物和学院试验田营造景观，创造了生命科学学院崭新的形象[15]。

（7）第十六教学楼

第十六教学楼于1982年建成，六层框架结构，总建筑面积8760平方米。建筑坐南朝北，为对称式布局，与对面雄浑古朴的第九教学楼相呼应。入口在建筑中央，有直通二层的大台阶。其建设年代正处于校内建筑风格从中国传统风格向现代主义风格转变的过渡时期，故不再采用传统的大屋顶和硫缸砖清水墙面，代之以简单的平屋顶和淡棕黄色混凝土砂浆墙面，色调上极力与校园内原有建筑色调一致，建筑形体却以简单方盒子的现代造型示人（图4-47）。第十六教学楼原为理学院实验办公楼，近年来经改造装修后作为地球系统科学学院办公楼。

（8）第十七、十八、十九教学楼

20世纪80年代中后期，伴随着国家对高等教育的更加重视与天津大学办学理念的转变，七里台校区的建设进入快速发展时期。相继建设了三座教学楼，即第十七、十八、十九教学楼（图4-48~图4-50），建筑面积分别为8842平方米（含2003年接建的970平方米）、5202平方米（含1998年接建的952平方米）和11981平方米（含1995年接建的981平方米），皆为框架结构。有趣的是，第十七教学楼建设地块是原本为第十三教学楼所预留之地块。

这三座教学楼均为多层建筑，建筑规模比之前建设的教学楼略有增大。建筑平面均为非对称式布局，立面由传

图4-47　第十六教学楼现状

图4-48　第十七教学楼

图4-49　第十八教学楼

图4-50　第十九教学楼

统风格全面转变为现代主义风格。第十七教学楼一直是精仪学院的教学科研办公楼。第十八教学楼最初为天津大学管理学院与建筑设计研究院使用，后几经功能转变，现为公共教学楼，部分为建筑学院、环境学院使用。第十九教学楼一直作为公共教学楼使用。

（9）第二十教学楼

第二十教学楼位于青年湖南岸，建于1989年，也是七里台校区建设快速发展时期的产物。总建筑面积16331平方米，框架结构。总平面为H形，中间为南北向主楼，两端为东西向附楼，之间有连廊相接。主楼的主体为八层，局部十层，曾为校园内最高的建筑。立面上采用规整的连续开窗，黄白色涂料点缀着棕色仿砖墙面，属于较为典型的流行于20世纪80、90年代的后现代主义建筑风格。第二十教学楼建成后，在位置、高度、造型、色彩等方面，都是校园中比较突出的建筑。近几年学校对该楼依照原貌进行了修缮改造，现主要为微电子学院等单位使用（图4-51）。

图4-51　第二十教学楼

（10） 第二十一教学楼

第二十一教学楼即建筑馆，从方案设计到最终建成实现历经十余年的时间。20世纪70年代末、80年代中后期，彭一刚院士先后设计过3版建筑馆方案，最终实施方案于1989年落地，该馆是国内最早建成的专用建筑馆之一。建筑整体为框架结构，总建筑面积7775平方米（含2004年接建的985平方米）（图4-52~图4-54）。

建筑馆是七里台校园东西轴线上唯一的建筑，是从主校门进入校园后的视觉底景。建筑原址为一块三角形绿地，俗称“三角地”。建筑因地制宜采取坐西朝东、“凸”字形对称布局形式。入口东向居中，面向敬业湖，与求是亭、张太雷像、百年校庆纪念亭和东校门遥相呼应。进入楼中，内部空间处理的重点主要集中在门厅、庭院及展览厅等公共活动部分。主要入口大厅正面对着一部宽大的“Y”字形开敞式楼梯，下部为一水池。大厅两端由实墙面所界定，其饰面材料为米黄色面砖，左右各镶嵌一块昭陵六骏的浮雕，既古朴粗犷，又富装饰意味。设计之初有一庭院，内设水池，水池两侧各设三个花坛，底端为一照壁。但后期随着使用需要，于2004年对内庭院进行“加盖”增建，增加了近1000平方米的功能用房。

2013年，为解决外墙面砖年久脱落的问题，学校对建筑外立面进行了改造，采用轻型混凝土材料，将替换下来的外檐瓷砖粉碎后作为骨料制成装饰板材，保持了原建筑外立面的色彩风格，同时进行了保温节能改造，建筑馆获得了国家一星级绿色建筑标识[16]。

图4-52 第二十一教学楼（一）

图4-53 第二十一教学楼（二）

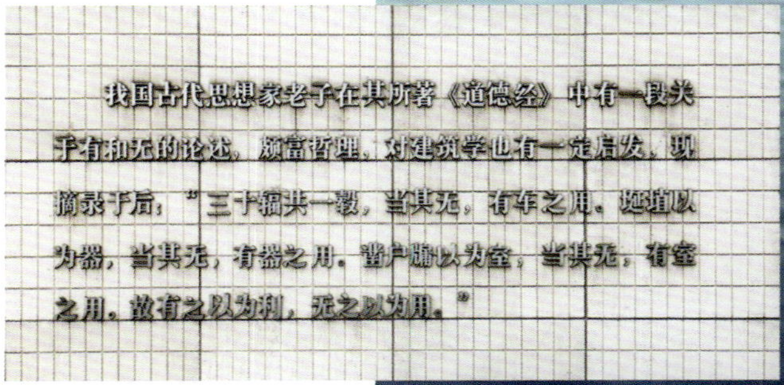

图4-54　建筑馆檐墙上的《道德经》摘录

（11）北洋科学楼

北洋科学楼又称第一科学楼、第二十二教学楼，于1995年10月2日落成。“八五”期间，天津大学承担了以高新技术为主的许多重点科技项目，北洋科学楼的建设缓解了部分科研用房紧张的局面，使许多重要的国家和部委级科研项目得以顺利进行。当时学校的生物工程等5个研究中心设在这里，这是一座集实验、科研与学术交流为一体的综合性科研建筑。

科学楼总建筑面积10051平方米，砖混结构，外墙面以白色涂料粉刷，非对称式布局。七层建筑的主体北立面以规律的单窗为主，形成简洁大方的整体背景，衬托着体态鲜明的三角形组合体。裙房的主立面采用一组外饰面为金属涂料的钢筋混凝土三角形构架，使建筑造型变化丰富又具规律性（图4-55）。

图4-55　北洋科学楼

（12）第二十三、二十四教学楼

进入21世纪，高校扩招后学生数量激增，原有学校建筑难以满足大量学生学习生活的需求。加之七里台校区建设用地比较紧张，新建建筑只能建在拆除了旧建筑的基址上，新建建筑也尽可能采用多层大体量以提高容积率。第二十三、二十四教学楼即是这一时期拆旧建新的典型建筑。

第二十三教学楼建于2000年，总建筑面积11918平方米，框架结构，共五层，楼内主要是阶梯教室和普通教室，用于全校的公共课教学（图4-56）。第二十四教学楼于2004年建成，总建筑面积21058平方米，框架结构，主体五层，另有两个六层的侧角楼。该楼首层中部有南北方向的消防通道，两边有两个出入口，楼内有教室（多媒体）36间，最小的教室有100个座位，最大的教室有220个座位，总计可以容纳5940人同时上课，现为环境学院和药学院共同使用[17]（图4-57）。这两座建筑形体采用简单几何体，立面以棕色砖饰面与白色涂料相结合，为当时非常流行的学校建筑风格，同时也与周围棕色建筑色彩有一定的呼应。

图4-56　第二十三教学楼

图4-57　第二十四教学楼

（13）第二十五教学楼

第二十五教学楼于2006年建成。该楼所在地北临北洋道，西临太雷路，为求实会堂旧址。建筑东西长约150米，南北进深35米，总建筑面积39518平方米；地上共十二层，局部八层，地下一层，框架结构。该楼现为管理学部使用。

建筑平面大致呈“山”字形布局，主体为十二层板式楼，北部附设三个八层的建筑，在建筑形体上形成高低错落的台阶，在广场和高大的板式建筑之间形成了良好的过渡。在色彩上该建筑尊重并延续了校园中轴线以南已经形成的白色基调。外墙以白色铝板、灰色工字钢线条为主，配以镶于透明玻璃筒内的钢结构楼梯，以富有韵律的体型组合与校园环境取得良好的呼应[18]（图4-58）。

图4-58　第二十五教学楼

（14）第二十六教学楼

第二十六教学楼于2009年2月建成，框架结构，总建筑面积56812平方米，主要由公共教学区和精密仪器与光电子工程学院、电气自动化与信息工程学院等单位使用。

第二十六教学楼位于校园最南侧，基地东西长约400米，南北宽近90米，其较大的建筑尺度和棕褐色陶土砖的外墙肌理，与敬业湖北侧的褐色建筑取得体量上的均衡、视觉上的呼应以及气质上的贯通，使湖两侧的建筑风格由棕、白两色并立，演变为棕褐色建筑包含白色建筑的整体空间意向，强化了校园核心空间，营造了沉稳、质朴的校园整体氛围（图4-59、图4-60）。

图4-59　第二十六教学楼（一）

图4-60　第二十六教学楼（二）

（15）水利馆

天津大学水利馆的前身为中国第一水工试验所，由国立北洋工学院与华北水利委员会联合全国十个学术和水利机关建立，是中国第一个现代水利科研机构，也是中国第一个国家级实验室。

七里台校区的水利馆是自校区建设至今逐步发展完善起来的，现存水力学、土力学实验室（建于1952年，砖木结构，总建筑面积1824平方米），水工建筑物实验室（建于1955年，砖混结构，总建筑面积2123平方米），土力实验室（建于1976年，砖混结构，总建筑面积600平方米），水工水流实验室（建于1985年，砖混结构，总建筑面积650平方米）等。水利馆已成为以各种水工试验为主，集勘测、设计、研究、管理为一体的综合性水工程研发机构，包含水工厅、海工厅、港工厅、船池、冰室等，能够进行防灾减灾、结构抗震、岩土工程、数值仿真等研究。2019年，随着水利馆各项功能搬迁至北洋园校区，学校将水利馆部分用房划拨给建筑学院用作教学办公用房（图4-61）。

（16）东、西阶梯教学楼

东、西阶梯教学楼又称东、西阶梯教室，简称“东阶、西阶”，位于第九教学楼的东、西两侧，均于1982年建成。两座教学楼平、立面形式呈镜像关系，均为框架结构，建筑面积均为2063平方米，均由四个大阶梯教室组成，一、二楼各两个，每个教室约500平方米（图4-62）。东、西阶梯教学楼（东阶在第九教学楼东侧，现改为实验室）曾经是在校生上大课和上自习的主要场所，那时的学生几乎都有在东阶、西阶学习的经历。

图4-61　水利馆海动实验室

图4-62　西阶梯教学楼

（17）石油化工技术开发中心实验楼

天津大学石油化工技术开发中心（以下简称“石化中心”）成立于1984年，与内燃机研究所、燃烧学国家重点实验室一同坐落在七里台校区西部的教工宿舍区内（图4-63）。实验楼位于石化中心院内，建于1987年，主体建筑六层，框架结构，总建筑面积9500平方米（图4-64）。中心内拥有多台（套）实验研究设备、多功能组合式全流程模拟试验装置、先进的分析及测试仪器、流体力学计算软件、分子模拟软件、化工过程模拟软件及配套的大型物性数据库等。

图4-63　石化中心、内燃机研究所、燃烧学国家重点实验室建筑群

图4-64　石化中心实验楼

（18）地热实验楼

地热实验楼建于1987年，砖混结构，总建筑面积为2200平方米。考虑到实验、教学、科研等复杂功能要求与建筑用地条件限制，建筑主体为分列于原有地热井南北两侧的两个部分——北面的四层实验楼与南面的二层医疗楼。地热井井口四周设置设备层，安装各种井口设施与实验设备，又利用设备层顶板设置室外平台作为实验楼与医疗楼之间的联结体，也是医疗楼疗养人员与实验楼工作人员的室外活动场地，现为天津大学医学工程与转化医学研究院使用（图4-65）。

（19）王学仲艺术研究所

王学仲艺术研究所（黾园）由日本友好人士捐资修建，彭一刚院士主持设计，1988年落成，框架结构，建筑面积800平方米。研究所建在天津大学教学区主干道风景线上，面临敬业湖，四面绿竹环绕，是培养艺术类研究生的重要基地。

建筑采用四合院的平面布局，并把入口（图4-66）设在东南角上，入门后通过短廊径直可进入主体部分——交谊厅和展览厅。紧邻展览厅的一端为王学仲先生的专用画室和休息室，作为建筑的主体，这一部分最为安静。该建筑规模

图4-65　地热实验楼现状

图4-66　王学仲艺术研究所入口

图4-67　王学仲艺术研究所

虽小，却围隔成数处庭园，从而极大地丰富了内外空间的渗透和层次变化。建筑外观及立面处理既吸取了传统意蕴，又力求具有时代感，粉墙黛瓦，高低错落，与邻近的教学楼协调统一（图4-67）。

（20）化工基础实验中心

化工基础实验中心前身是天津大学化工系化工原理实验室，隶属于化工原理教研室，始建于1952年。1960年，化工原理实验室在原有基础上扩建了一倍，成为当时国内最大的化工原理实验室。现在的化工基础实验中心为2000年于原址上新建，框架结构，总建筑面积2551平方米，拥有近百套先进的实验设备，为全国化工实验样板基地和化工类创新人才培养基地的依托单位（图4-68）。

图4-68　化工基础实验中心

（21）冯骥才文学艺术研究院

2001年，历来以工科见长的天津大学引入冯骥才文学艺术研究院（以下简称“冯研院”）作为特色学院，以期为学校发展注入新的活力。

冯研院选址为原灯光球场，东侧紧邻太雷路，南侧为土建馆，北侧为健身馆，西邻青年湖。冯研院于2001年开始设计，2005年竣工，框架结构，总建筑面积约6000平方米[19]（图4-69、图4-70）。建筑中除了设置有必要的教学、办公区外，还设置了大量展陈、研讨空间，是一个综合性的、具有浓厚文化艺术气息的场所。

冯研院主体建筑首层架空，近千平方米的人工水体贯穿其下，既沟通了南北庭院，也为整座建筑带来了灵动与生机。建筑墙面采用素混凝土饰面和灰砖。整组建筑质朴简约，强化了建筑与自然的和谐共生及当代审美与传统意境的融汇，近而传递出学院应有的文学艺术气质及建筑物主人超然的职业素养[20]。

图4-69 冯骥才文学艺术研究院（一）

图4-70　冯骥才文学艺术研究院（二）

（22）天南大联合大厦

天南大联合大厦全称为“南开大学天津大学联合研究大厦”，又有“南天门”之昵称，位于原著名的“天南街”上的南开大学与天津大学交界处，横跨天津市规划的大学道，底部留有连通两校的通道。联合大厦于2005年9月20日开工建设，2007年落成。占地面积12300平方米，建筑面积约25000平方米（其中12242平方米属于天津大学）。整个建筑物分为A、B、C、D四个区，主体结构为九层，局部十层，为钢筋混凝土框架抗震墙结构（图4-71）。建筑物总高度为35.7米，最高处43米。

联合大厦的建设，与天津大学和南开大学这两所同城“双子星”高校之间的历史渊源密不可分。自1952年天津大学主体搬迁至七里台校区后，就与南开大学比邻而居。其后相当长的一段时间内，两所学校之间没有围墙，而是以一

图4-71　天南大联合大厦

条布满餐厅、银行、邮局和眼镜店等服务设施的“天南街”将天津市南开区卫津路92号（天津大学）和94号（南开大学）连接起来。而卫津路93号是个极易被忽略的存在，它属于一家银行的分支机构，寄居于南开大学一幢不起眼的居民楼里[21]。

联合大厦目前是天津大学化学化工协同创新中心、南开大学药学院、先进能源材料化学教育部重点实验室等部门的办公场所。

（23）高科技楼

天津大学高科技楼俗称“1895大厦”，于2011年5月28日落成，位于天津市南开区鞍山西道科贸街东部，北面是天津大学北五村住宅区，南临鞍山西道，与校园体育运动区隔路相望。该楼现主要为天津大学建筑设计规划研究总院有限公司使用。

项目场地呈东西向的长方形，总用地为8400平方米，建筑面积为36818平方米。建筑主楼地上十层，裙房地上四层，地下一层。主楼建筑总高度43.85米，裙房建筑总高度18.65米；主楼采用框架剪力墙结构，裙房采用框架结构，现浇钢筋混凝土梁板承重体系[22]。外装饰墙面采用陶瓷做成的格栅，底层和部分二层对外租赁作为商用（图4-72）。

图4-72　高科技楼（1895大厦）

3. 学生宿舍与食堂

（1）天大的斋

天津大学严谨、规范的作风不仅体现在教学、科研上，更渗透在校园文化之中。学校的教学楼统一命名作“楼”，而住宿楼统一命名为“斋”。“斋”本有书房、学舍之意。因此，“斋”本身就传递出一种对文化的敬仰。作为知识殿堂的大学，有意无意地，都曾用“斋”来命名学生居住之所。同古人一样，这些斋或以建设者的理念，或以中国古代哲学思想的精髓来命名。天津大学的“斋”用作宿舍，这一规则至今未曾改变，且前面用数字冠名，从迁址卫津路校区的1斋，一直到今天，在卫津路校区已经排列了57个斋。在北洋园校区，宿舍楼仍然以“斋”命名，这体现了天津大学的特色，也是历史形成的印刻。

天大的斋是有分区的。过去1到24斋在七里台；25到46斋在六里台（42斋原为教师培训住所，现为天津大学会议接待中心）（图4-73~图4-75）。随着后来的发展，学校在七

图4-73 青年湖与六里台学生宿舍

图4-74　32斋

图4-75　43斋

图4-76　24斋

图4-77　48斋

里台除保留了23、24斋（图4-76）外，把1到22斋拆除，建设了47到52斋（图4-77）。再后来学生住宿状况更加紧张，学校就在校医院附近，原教工宿舍三村的基址上，新建了五幢高层学生宿舍楼——鹏翔公寓，分别命名为1斋至5斋（图4-78、图4-79）。原来的青年公寓改为学生宿舍后，又命名为57斋[7]92-93（图4-80）。留学生公寓（图4-81）坐落在友谊湖东岸、专家楼南侧，没有按照学生公寓的顺序排序。后来因留学生增多而出现宿舍不够用的情况，学校将北侧的专家楼也改作留学生公寓。

校园内现存学生宿舍按照修建年代及建筑风格大致可以分为六种类型。其中，25至30斋的六座建筑已有超过55年的历史，建筑风貌保存最为良好。暖灰色的清水砖墙与红色的坡屋顶交相辉映，加上白色线脚与门窗洞口的点缀，体现出天大早期建筑的鲜明特色；31至38斋八座建筑也有着

图4-78　鹏翔公寓（一）

图4-79　鹏翔公寓（二）

图4-80　57斋

图4-81　留学生公寓

超过50年的历史，同样是暖灰色的清水砖墙配以白色的线脚，但门窗洞口的细部被简化，除了临街的34斋保存现状不佳外，其余七座建筑风貌保持较好；39斋和40斋两座建筑临街而建，墙面风化严重，且被刷以红色涂料，建筑风貌较差；41斋、43斋、44斋三座建筑建设于20世纪80年代，立面被简化，没有明显的天大传统建筑风格，建筑风貌较差；45斋和46斋两座建筑建设于20世纪80年代末，红砖的竖向分割与白色涂料的横向分割体现出天大该时期的主要建筑风格，保存状况较好，建筑风貌尚佳[23]；鹏翔公寓是最近时期内建设的现代主义风格的学生宿舍，作为高层建筑与原有建筑在体量上对比较为鲜明，在外立面上回应了传统风格。

（2）食堂的变迁

大学生活中的“食”是非常能够体现校园文化特色，且能勾起师生的校园生活回忆的重要部分，而大学的食堂正是寄托这些回忆的主要载体。天津大学七里台校园内曾经有四个普通学生食堂，以及清真食堂、留学生食堂等。作为学生改善伙食的重要补充，校园内还有若干饭馆、餐厅。

后来食堂随着学校的发展发生了很大变化，但保存下来的食堂的名称并没有像学生宿舍那样，依然沿用原来的命名方式，而是完全改变了原来的编序名称被重新命名。校园内现有普通学生食堂五座，其中，学一、二、五食堂位于六里台学生宿舍区内，学三、四食堂位于七里台学生宿舍区内。

学三食堂（原学一食堂）建于1953年，单层砖混结构，总建筑面积2214平方米。作为校园建设初期建设起来的食堂，其带有明显的时代烙印。简单的形体，朴素的清水砖墙，很好地节约了建设成本，又呈现出20世纪50年代典型的传统风格。食堂自建成之后，一直为七里台校区的学生和教工提供着良好的后勤保障。2017年，学校对学三食堂进行了改造装修，改造后的建筑外立面保留了清水砖墙的特色，门口设计也沿袭了灰白配色，屋顶的框架结构作为独特设计被完整保留（图4-82）。

学一食堂（原学二食堂）初建于20世纪60年代，曾为校园中最大的食堂。2003年学校对学一食堂进行了拆除重建，重建后的食堂总建筑面积12872平方米（含地下室），地上

图4-82　学三食堂

三层，地下一层，框架结构（图4-83）。此后，学一食堂又进行了改造装修，装修后于2019年10月重新对师生开放。

学二食堂（原学四食堂）建于1982年，两层框架结构，建筑高度12.782米，总建筑面积3148平方米（图4-84）。2015年之前，该食堂一直是天津大学主要学生食堂之一。2016年，该食堂连同部分学生宿舍租借给天津中医药大学使用，直到2018年收回后一直闲置。2019年，学校将学二食堂划拨给建筑学院，作为教学空间使用。2020年开始对学二食堂进行改造。

学四食堂建于2003年，框架结构，地上三层，地下一层，建筑高度为15.15米，总建筑面积9700平方米，其中地下面积2411.5平方米，地上面积7288.5平方米（图

图4-83　学一食堂

图4-84　学二食堂

4-85）。学四食堂在为七里台校区师生服务了十多年后，整体就餐环境有待改善，于2020年进行了装修改造。

学五食堂建于2006年，框架结构，总建筑面积为5688平方米（图4-86）。地上共三层，其中一层是地热浴室、超市、理发室等生活辅助空间，二层为清真餐厅，三层为中式餐厅。中式餐厅空间在新中式风格中加入很多文化氛围浓郁的元素，如书架、书籍、油伞、纸灯等，更符合年轻学生的审美和口味。“文艺风”的学五食堂与“工业风”的学三食堂并称七里台校区两大“网红餐厅”。

4. 教职工公寓

（1）新三村

1952年，天津大学七里台校区建校之初就开始建设教工宿舍一、二、三、四村，建筑皆为简易平房（图4-87）。一、二村紧邻南开大学，两校间没有任何障碍，可自由通行。20世纪90年代以后，学校陆续对一、二、三、四村进行拆迁。一、二村旧址改为教学科研用地，建了教学楼。三村原址的一部分（另一部分建了鹏翔公寓学生宿舍）和四村建了教工宿舍楼，宿舍楼多为六层混合结构，总建筑面积近3万平方米，共有房屋500多户，被称为“新三村”。

（2）四季村

四季村建于20世纪80年代，位于天津大学七里台校区教学区的西门外，总占地面积约5万平方米，总建筑面积约5.5万平方米，内部楼房为混合结构的多层建筑，现有住户约1800户。四季村对于天大学生来说，印象最深刻的莫过于四季村菜市场及其旁边的小吃街，这是继“天南街”改造以后又一个学生们的美食天堂，为附近的居民和校内的师生提供了难忘的美食体验（图4-88）。

图4-85　学四食堂

图4-86　学五食堂

图4-87　未拆迁时的二村

图4-88　四季村与新二村（蓝色屋顶是菜市场和小吃街）

（3）北五村

北五村位于天津大学七里台校区北门外，是天津大学的教职工住宅区之一，原名五村（图4-89）。20世纪80年代末，新修的鞍山西道穿村而过，因此将道路以北的部分称为北五村，道路以南的部分称为南五村。北五村由过街天桥与主校区相连，南五村已于2007年拆除。现存的北五村面积较大，其中建筑多为20世纪80年代末和90年代后集中建设的（图4-90）。

图4-89 20世纪80年代以前的五村

图4-90 现在的北五村

（4）六村

天大六村1号楼到5号楼均建于1954年，三层混合结构，双坡悬山屋顶，硫缸砖外立面，仿中国传统建筑风格，是天津大学现存最老的职工住宅楼，现在仍然作为住宅楼使用（图4-91）。20世纪80年代，学校在六村逐步建设了一大批多层砖混住宅楼（图4-92）。90年代以后学校在六村西侧修建了两幢高层住宅楼（26号楼和27号楼），最终完成了六村的建设工作（图4-93）。

图4-91　六村现状

图4-92　新建的四季村和六村新建的部分（1985年）

图4-93　六村现状

（5）新园村一期

新园村一期工程位于七里台校区的最西端，最初的教职工住宅建设用地并不在现有地块。现址原为1992年国家教委和天津市规划局划拨的西大坑处教学科研用地，合计约9.1万平方米。学校将此地块与拆迁了的一村、二村教职工住宅用地进行了功能置换，因此西大坑地块最终被用来规划筹建新的教职工宿舍，建成了新园村一期教职工住宅①。

新园村一期始建于1998年，内部住宅楼都为六层混合结构，总建筑面积为6491平方米，属于典型的多层板式住宅楼（图4-94）。

（6）新园村二期

天津大学新园村二期工程位于新园村一期南侧，包括6幢高层住宅和1幢小高层住宅以及配套公建设施。其中19号楼、20号楼、21号楼、22号楼为地上28层，地下2层；23

图4-94　新园村一期

① 李金甫老师回忆，音频采访。

号楼、24号楼为地上26层，地下2层，高层住宅皆为钢筋混凝土剪力墙结构。18号楼为地上9层，地下1层，为钢筋混凝土异型柱结构。7幢住宅楼呈环形布局，中间布置了喷泉、绿化、座椅、儿童游戏场等景观，并配有地下停车库（图4-95、图4-96）。

图4-95　新园村二期（一）

图4-96 新园村二期（二）

图4-97　工会俱乐部（新）

图4-98　天津大学会议接待中心（原42斋招待所）

图4-99　填料大楼与校园北门

5. 附属配套用房

（1）工会俱乐部

天津大学工会俱乐部是建校初期在工程建设人员和广大师生的共同努力下，用节省下来的工程款项建成的。工会俱乐部于1952年9月份动工，1952年底竣工。建筑面积约为595平方米，为一层砖木结构。因其建筑质量较高，历经1976年唐山大地震亦保存较好。2011年，在老工会俱乐部原址上重建了工会俱乐部（图4-97）。

（2）42斋招待所

42斋招待所，简称“42斋”，也是七里台校区的一个标志性场所。该楼建于1989年，总建筑面积4711平方米（含扩建食堂368平方米），砖混结构，退台式造型。该建筑建设之初为天津大学教师培训之住所，虽不是学生宿舍，但依然延续了学生宿舍的楼号。1991年学校将该楼改造为天津大学42斋招待所，开始作为接待往来嘉宾之所，并对外营业，如今正式的名称是“天津大学会议接待中心”（图4-98）。随着时间的推移，其建设标准和接待条件已远不能满足现时的需要，学校已对其进行了修整提升。

（3）填料大楼

天大天发科技有限公司大楼，又称填料大楼，位于七里台校区北门东侧，建于1993年，总建筑面积7010平方米，框架结构。该楼主体部分整体外立面为白色贴砖，现为综合办公使用（图4-99）。

图4-100　科贸楼

（4）科贸楼

科贸楼位于天津大学北五村门口，建于1995年，总建筑面积2125平方米，四层框架结构，外立面为白色贴砖（图4-100）。原为天大天财公司办公楼，目前其中两层产权已转移，有北京银行、肯德基餐厅、华为专卖店等商业机构进驻。

（5）后勤集团员工宿舍

该楼位于天津大学七里台校区北门内，太雷路与集贤道交界口处。总建筑面积1770平方米，框架结构。平面为“L”形布局，一条长边为一层，另一长边为二层。该楼原为天大浴室，也是当年在校生难以忘怀的场所。2001年学校将该楼改建为后勤集团员工宿舍（图4-101）。

图4-101　后勤集团员工宿舍（原浴室）

（6）校医院

校医院原位于校园东门以内。1993年学校在校园西北部、学二食堂南侧建设了新的校医院，总建筑面积3700平方米，四层砖混结构（图4-102）。建筑形体由一层的门厅部分与四层的主楼部分共同构成，外立面为白色贴砖。2019—2020年，学校对校医院进行了改造装修，以改善建筑环境，提高医疗条件。

图4-102　校医院

（7）天大百货店

天大百货店原址在七里台，位于求实会堂北侧马路以北，七里台校区统一规划后迁至校园北门附近集贤道南侧，青年湖东北角（图4-103）。该建筑建于1995年，总建筑面积为374平方米，二层砖混结构。因其位于体育场所与学生宿舍区之间，曾经是七里台校区中最为红火的购物场所，被

图4-103　位于六里台大学生浴室北侧的天大百货店

学生们亲切地称为“天百”，其售卖的糖葫芦、炸串、大饼鸡蛋等小吃给同学们留下了深刻的印象。后随着新校区建设和七里台校区建筑维修，附近住宿学生迁出，天大百货店慢慢走向沉寂，最终于2019年停业。

（8）其他校园建筑

此外，校园内还有体育场南侧的内燃机大楼（图4-104）、金工实习大楼（图4-105）、学二食堂西侧的成人教育培训中心大楼（图4-106），青年湖东南角的网架楼、泥沙楼、信息与网络中心大楼（图4-107），综合实验楼（图4-108），都是重要的教学科研场所。坐落在教学区

图4-104　内燃机大楼

图4-105　金工实习大楼

图4-106　成人教育培训中心大楼

图4-107　信息与网络中心大楼

西门外家属宿舍区里的天大幼儿园、天大附小（图4-109）是天大子弟学习成长的地方，记载着他们美好的童年回忆。天大附中已于2009年与一〇九中学合并，定名为天津大学附属中学，使用原一〇九中学校址，迁至学校以外。原天大附中的教学楼（图4-110）划拨给了建筑学院、建工学院使用。原专家楼因留学生数量激增而改成留学生宿舍。室内带有采光天窗的大厅，是当时举办宴会、舞会的主要场所，现在只留一个咖啡厅（现已停业）作为对外服务的窗口（图4-111）。

图4-108　综合实验楼

图4-109　天大附小

图4-110　原天大附中教学楼

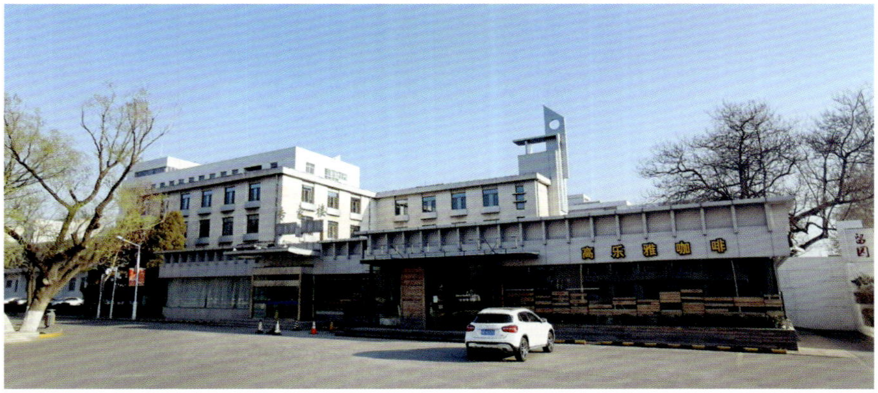

图4-111　原专家楼现状

6. 已经消失了的校园建筑

在七里台校区近七十年的发展建设过程中，随着办学规模的不断扩大，校园内的建筑也在不断更新。那些曾经在特定时期为学校发展作出突出贡献的老建筑，诸如天大老东门、老东门百货店、求实会堂、建校初期的行政楼、老校医院、七里台招待所、天大邮局、老学三食堂（徕园）、室外游泳池、灯光球场、天南街、天大附中、甲字楼、乙字楼、六里台的东平楼及西平楼等，已经在校园建设过程中逐渐消失，但依然留存在一代代天大人的记忆中。

（1）求实会堂

求实会堂初建于20世纪50年代，由刘锡良教授主持设计，原为大礼堂（图4-112）。20世纪80年代学校对其进行了改建，礼堂内有固定座位两千多个，可放映宽银幕影片。为继承发扬“实事求是”的校训，学校将改建后的大礼堂命名为“求实会堂”（图4-113），四个大字由王学仲教授所书。1983年12月26日，求实会堂提前交付使用，以纪念毛泽东同志诞辰90周年。

求实会堂是当时天津大学重要的集会之地，凡是学校重要的活动，都在这里举行，如：研究生院成立大会，每年的开学典礼、毕业典礼、表彰会；国务院原副总理李岚清、诺贝尔奖获得者杨振宁、国际热点问题系列专家等在此作讲座和报告；华夏民族艺术回顾与展望活动，小提琴演奏家盛中国的独奏音乐会，指挥家郑晓英率爱乐女乐团举行的交响音乐会，马兰、黄新德、吴琼等众多名家的演出；电影《神鞭》《雾宅》的首映式等活动（图4-114）。

2004年，因学校发展需要，求实会堂被拆除。后来，第二十五教学楼在这里拔地而起，隶书“求实会堂”四个字成为师生校友心中难忘的记忆。

（2）天南街

当年在学的学生们所津津乐道的地方——天南街是一个非官方的称呼，实际上有两条天南街存在于不同的时代。

图4-112　20世纪50年代的大礼堂

图4-113　20世纪80年代的求实会堂

图4-114　1987年5月17日郭全宝、郝爱民等在求实会堂进行相声表演

2000年以前，天南街指的是现在的太雷路南段，它曾经是连接天津大学和南开大学的重要道路，故得名“天南街”。天南街上除了有服务于师生日常生活的百货店、银行、邮局、眼镜店、打印社等之外（图4-115），最能勾起学生们回忆的就是各家餐馆，包括北洋餐厅、朝鲜餐厅、天河餐厅、美林餐厅、烹调中心、砂锅居、碧云天、玉华台等，既有经济实惠适合学生需要的，也有稍显档次能够宴宾会友的。2003—2006年，在天南街拆除后的地块上，先后建起了学四食堂、第二十五教学楼以及天南大联合大厦。

另一条天南街位于科学图书馆和第十九教学楼之间，原一村西侧，也与南开大学相通，又叫小天南街。大约2000年左右，街上开始零星出现一些卖食品的小摊，慢慢地摆摊设点的小商户渐渐增多，此后天南街便形成了一条全天候营业且摊位固定的小吃街。2005年左右，天津大学进入全面规划建设时期，且110年校庆即将来临，为了整体布置及资源配置，学校决定将小天南街及天南二村拆除。

（3）天南小道

在20世纪50年代建设的老楼和80年代建设的新楼之间有一条小路，被称为天南小道，通过此小道可以由天津大学通行至南开大学，这是两校家属区之间往来最便捷的小道。

图4-115　天南街一角

参考文献

[1] 北洋大学—天津大学校史编辑室. 北洋大学—天津大学校史资料选编（二）[M]. 天津：天津大学出版社，1996：53-54.

[2] 宋秉泽. 天津大学1952年建校回忆录. 藏于天津大学档案馆.

[3] 北洋大学—天津大学校史编辑室. 北洋大学—天津大学校史（二）[M]. 天津：天津大学出版社，1995.

[4] 天津大学校史编写组. 天津大学简史[M]. 天津：天津大学出版社，1980.

[5] 唐业清，万墨林. 建筑物改造与病害处理[M]. 北京：中国建筑工业出版社，2000.

[6] 梁丰. 砌体在建筑更新中的命运与前景[D]. 天津：天津大学建筑学院，2010.

[7] 雷鸣，张凤宝. 天大风物（第1辑）[M]. 天津：天津大学出版社，2018.

[8] 杨波，张海伶. 高校历史风貌建筑保护与利用策略研究——以天津大学校园为例[J]. 天津大学学报，2016（1）：92-96.

[9] 张文忠. 特定环境中建筑创作的思考——天津大学科学图书馆方案构思札记[J]. 建筑学报, 1991(8):43-46.

[10] 李永明. 天津大学科学图书馆落成开放[J]. 天津大学学报, 1990(2)：26.

[11] 杨昌鸣，张繁维，宦新. 天津大学行政办公楼[J]. 建筑学报, 2005(3)：51-52.

[12]李越．老校区新生命——天津大学七里台校区可持续利用研究[D]．天津：天津大学建筑学院，2011．

[13] 陈久生. 天津历史风貌建筑[M]. 天津：天津古籍出版社，2005.

[14] 程兰. 基于被动式策略的既有办公建筑绿色化改造设计研究[D]. 天津：天津大学，2014.

[15] 刘丛红，程兰，李长虹. 天津大学既有办公建筑绿色化改造实践[J]. 建设科技，2013（13）：44-46.

[16] 佚名. 天津大学建筑教学空间及校园风貌变迁[J]. 城市环境设计，2017（5）：53.

[17] 王坚. 高校公共教学建筑教学空间设计研究[D]. 天津：天津大学, 2006.

[18] 张繁维，杨昌鸣，顾志宏. 天津大学第25教学楼[J]. 建筑学报, 2007(7)：76-79.

[19] 胡晓斌. 天津大学冯骥才文学艺术研究院工程[J]. 建筑知识，2017（11）：14-17.

[20] 周恺. 冯骥才文学艺术研究院[J]. 建筑创作，2008（6）：40-41.

[21] 张小野. 南开PK天大[N]. 中国青年报，2010-04-02.

[22] 李进军，丁永君，郭红云. 1895大厦结构设计[C]//第十三届全国现代结构工程学术研讨会论文集，2013：1644-1648.

[23] 林姗. 天津大学老校区与社会互动发展及可持续利用策略研究[D]. 天津：天津大学，2012.

图片来源

图4-1：张世轶提供
图4-2：天津大学房管处提供
图4-3：邵越崇编著.申屠周绘制.天津市地图. 1951，3. 天津市测绘院提供
图4-4、图4-12、图4-14：天津大学基建处提供
图4-5：天津市人民政府城市建设委员会测绘.天津市地图.天津：天津市通俗出版社，1955，2. 天津市测绘院提供
图4-6、图4-7、图4-9、图4-10、图4-13、图4-15、图4-16、图4-17、图4-18：孔德博、肖亮绘制
图4-8：天津大学建筑工程学院.中国第一所大学工程学门绵亘图录[M]. 天津：天津大学出版社，2015：85
图4-11、图4-19、图4-20、图4-21、图4-23、图4-24、图4-25、图4-27、图4-30、图4-31、图4-32、图4-33、图4-35、图4-36、图4-37、图4-40、图4-43、图4-44、图4-45、图4-46、图4-47、图4-48、图4-49、图4-50、图4-51、图4-53、图4-54、图4-55、图4-56、图4-57、图4-58、图4-60、图4-61、图4-62、图4-64、图4-65、图4-66、图4-67、图4-68、图4-70、图4-71、图4-72、图4-74、图4-75、图4-76、图4-77、图4-79、图4-80、图4-81、图4-82、图4-83、图4-84、图4-85、图4-86、图4-91、图4-95、图4-97、图4-98、图4-99、图4-100、图4-101、图4-102、图4-103、图4-104、图4-105、图4-106、图4-107、图4-108、图4-110、图4-111：宋昆拍摄
图4-22、图4-28、图4-39、图4-52、图4-59、图4-69：崔昊夫拍摄
图4-26、图4-38、图4-41、图4-63、图4-73、图4-78、图4-88、图4-90、图4-93、图4-94、图4-96、图4-109：李哲拍摄
图4-29：吕静提供
图4-34、图4-42：孙艳晨拍摄
图4-87、图4-89、图4-92：王建泽提供
图4-112：王骥提供
图4-113、图4-115：天津大学档案馆提供
图4-114：吕大力提供

天津大学七里台校区鸟瞰图（由东至西）

天津大学七里台校区鸟瞰图（由西至东）

第五章　北洋园校区的校园与建筑（2008年至今）

第一节　校园建设历程

1. 背景

1993年，中共中央、国务院顺应新时代社会发展的要求，做出了逐步推进高等教育管理体制改革的决策。1994年7月3日，中共中央、国务院公布《国务院关于〈中国教育改革和发展纲要〉的实施意见》（中发〔1993〕3号），该文件明确提出“促进国家教委所属院校、中央业务部门所属院校、地方所属院校之间以及地方院校之间的联合，鼓励普通高等学校和成人高等学校之间的联合与协作，合理调整高等教育布局”。这些政府措施直接带动了我国大学合并共建的新一轮热潮。1998年1月，在扬州召开的高等教育管理体制改革经验交流会上，国务院副总理李岚清提出了“共建、调整、合作、合并”的八字方针，要求到2002年左右基本完成高等教育管理体制改革和布局结构的调整，形成综合性大学、多科性大学和单科性大学比例合适的新格局。这是1952年院校调整以来，对中国高校布局进行的最大的一次改革。

1998年5月，中共中央、国务院启动了建设世界先进水平的一流大学的“985工程”，目标是“创建世界一流大学”；随后，“985工程”又先后增加了30所大学，定位为“创建世界知名高水平大学”，天津大学和南开大学都名列其中。1998年10月，国务院副总理李岚清和教育部部长陈至立来天津大学视察，与天津大学、南开大学领导及部分教师代表座谈，就基础教育改革与发展、高校联合办学等问题进行了调研，并就高校改革问题提出将两校合并组成我国高校中第10所“创建世界一流大学”的建议，后因种种原因并校方案未能实施。2000年7月，教育部正式确定天津大学、南开大学两校“独立办学、紧密合作”，将天津大学列入国家重点建设高水平大学行列。同年12月，教育部与天津市签订了共建协议，对天津大学实行教育部与天津市共建共管，努力把天津大学建设成为国内外知名的高水平大学。

2003年11月，天津大学第七次党代会明确提出了实施“三步走”的发展战略和“建设综合性、研究型、开放式、国际化的世界一流大学”的奋斗目标。“十二五”是实现学校“三步走”发展战略的第二步战略目标，即“到2020年把天津大学建设成为国内外知名的高水平大学”的关键时期。为实现这一目标并向世界一流大学迈进，天津大学需要办学空间的有力支撑，而原有卫津路校区已使用近60年，基础条件陈旧，调整困难。有131262平方米的教学科研用房建于20世纪50年代。这些建筑均为砖混结构，历经暴雨、地震等自然灾害的侵袭，虽经多次维修，仍相对陈旧，难以适应现时的教学科研需要，而且在相当长时期内，由于无序建设以及近年来学生数量快速增长等情况，还造成了校园内建筑布局不合理、建筑结构简易、景观特色不鲜明等问题。在老校区新体育馆建成之前，天津大学是我国30多所“985工程”高校中唯一一所九项基本办学空间指标都不达标的学校。生均有效占地面积仅为37.65平方米，距离教育部2004年发布的《普通高等学校基本办学条件指标（试行）》所规定的理工院校生均占地面积59平方米的合格值相差36%；生均用房面积为28.98平方米，与1992年发布的《普通高等学校建筑规划面积指标》所规定的35.65平方米相差18.7%；容积率和建筑密度更是高达0.8和20%。按照教育部高等学校办学条件指标测算，天津大学原有卫津路校区教学区用地面积约1.13平方千米，只能容纳约1万余名学生，占地面积缺口达约2.67平方千米，远不能满足学校的中长期发展规划中关于学科（工、理、文、农、医等）发展、研究型大学建设、高端人才引进以及大幅增加留学生等方面对空间的需求；而且学校教室、实验、实习场所等空间不足，住宿条件又十分紧张，严重影响了人才培养的质量。因此办学空间成为学校发展的瓶颈，七里台校区四周的拓展建设受到城市规划的严格限制，校园内部的建筑容积率和建筑密度较高，再无挖潜的可能。因此，向外寻求发展空间，建设新校区势在必行。

2008年11月28日，天津大学和南开大学向天津市政府上报《天津大学　南开大学关于尽快启动新校区规划和建设的请示》。天津市高度重视，时任中共中央政治局委员、市委书记张高丽作出批示，要求把两校新校区建设和城市的规划布局一并考虑。

2. 选址

2009年6月17日，天津市委常委会通过了天南大新校区选址方案，两校新校区地址在天津市中心城区和滨海新区之间的津南区海河中游南岸地区，各占地2.5平方千米，共享区域为1平方千米。2010年3月7日，教育部和天津市人民政府在北京签署了共建天津大学、南开大学新校区框架协议。按照协议，天南大新校区建设由教育部、天津市及两校共同筹资，教育部和天津市将加大支持力度，并将该校区的建设列入全市重点工程，为天津大学的发展创造了千载难逢的历史机遇。

天津市历史形成的高校比较集中的高教园区在南开区，该区内的高校包括天津大学、南开大学、天津师范大学、天津医科大学、天津中医药大学等。第二个高教园区在西青区，该区内的高校包括天津城建大学、天津农学院，以及天津师范大学、天津工业大学、天津理工大学的新校区等。第三个高教园区是在天津“双城相向拓展”的中心区域规划建设的津南区海河教育园区，该区内的高校包括天津大学、南开大学以及多所高职院校的新校区（图5-1）。按照天津市委、市政府的统一部署，市规划局从2008年9月开始，组织开展海河教育园区总体规划、起步区城市设计、起步区校园详细设计等规划设计的编制工作。海河教育园区一期建设于2009年6月底开工。天津大学和南开大学的新校区在二期进行建设。

天津大学北洋园校区是继博文书院校区、西沽校区、七里台校区之后，天津大学的第四个主体校区。北洋园校区位于海河教育园区中部，海河中游南岸，生态绿廊西侧，距离七里台校区约23千米。

图5-1　海河教育园区用地规划图

校园用地范围东至园区纬二路，南至津港快速路，西至蓟汕联络线，北至园区纬六路。天津大学新校区与南开大学新校区比邻而建，两校之间有1平方千米共享景观绿化带，两校分别位于景观绿化带的东西两翼，周边有津晋、津港等多条快速道路交织。

3. 建设

2010年6月，天津大学第八届党委常委会第68次会议讨论决定成立天津大学新校区建设领导小组，负责新校区建设的总体协调工作。8月，学校成立新校区建设指挥部和新校区规划工作营。新校区规划工作营以中国科学院院士彭一刚教授为顾问，中国工程院院士、中国建筑设计研究院崔愷校友为总建筑师。新校区建设指挥部的成立和新校区规划工作营开营标志着天津大学新校区的规划与建设工作正式启动。

2011年2月，天津市政府常务会议审议通过了天津大学新校区总体规划方案。12月20日，天津海河教育园区二期工程暨天津大学、南开大学新校区建设开工仪式在天南大新址工地举行。2012年3月，天津大学新校区规划建设管理办公室成立，负责对新校区整体工作的部署。

2013年4月，新校区建设土地得到国务院批复，基础设施及建筑组团建设工作全面展开。5月18日，天津大学新校区图书馆组团率先开工建设。7月1日，新校区综合教学实验楼组团开工建设。11月26日，首批开工项目之一的综合教学实验楼组团主体结构率先封顶。

2015年5月18日，天津大学正式启动了向北洋园新校区的搬迁工作，机械学院6台用于实践教学的机床成为首批搬迁的设备。9月，新学期开学，新校区投入使用。为了避免部分高校采用横向分割方式进行搬迁导致的文化及办学氛围方面的问题，天津大学采用了纵向分割的方式，即将一部分学院从本科生到博士生整建制迁入新校区，老校区在保留剩余各学院的基础上，根据学校发展规划，着力挖掘潜力领域，培养新兴学科。机械学院、计算机学院、软件学院、建工学院、化工学院、材料学院、环境学院、理学院、文法学院、马克思主义学院、教育学院、求是学部等12个学院（部）的全部学生，以及精仪学院、自动化学院、信息学院的2014级本科生迁入新校区，15个跨校区搬迁学院（部）的2015级本科新生到新校区报到；12个搬迁学院（部）的2015级研究生新生到新校区报到，在校学生达21000人。机关部处及后勤保障部（不含离退休工作处）、信息网络中心、图书馆、体育部、场馆中心、校医院（部分），以及机械工程实践教学中心、化学化工实验教学中心、物理实验中心、电气电子实验教学中心、计算机实验教学中心、力学工程实验中心、坐落于搬迁学院的本科实验教学中心（主要面向本学院三、四年级本科生开课）迁入新校区[1]。

未搬迁学院需进行基础实验课程的学生，在本科一、二年级阶段在新校区学习生活，升入三年级后迁回老校区；老校区在保留未搬迁学院的基础上，进一步调整规划。在一段时期内，学校的管理、教学和科研均向新校区集中，促进了新校区的快速成长，老校区优化资源配置，形成了多校区同时发展的办学格局[2]。

4. 规划布局

天津大学北洋园校区总占地面积243.6万平方米，总建筑面积130万平方米，是国家级高等职业教育改革实验区、教育部直属高等教育示范区（图5-2）。

北洋园校区建设根据“资源共享、生态优先、和谐发展和可操作性”的规划原则[3]，按照“统一规划、分期建设、合理布局”的原则分两期进行建设（图5-3）。新校区首期建设建筑面积89.8万平方米（含地下建筑4.4万平方米），投资约56亿元，包括校前区主楼组团、行政服务中心、综合实验楼组团、图书馆组团、综合体育馆、学生中心、机械教学组团、水土建教学组团、水土建实习车间组团、化工材料教学组团、计算机软件教学组团、第一公共教学楼、第二公共教学楼、北区生活组团（含第一、第六食堂）、中区生活组团（含第二食堂）、南区生活组团（含第四食堂）、西区生活组团（含第七食堂）、东区生活组团、博士生公寓组团、硕士生公寓组团、第三食堂和第五食堂等[1]（表5-1、图5-4）。在明确一期最终方案并开始实施建设后，学校对二期及远期用地进行了初步规划，未来将会对硕士生公寓二期、科技及大型仪器平台、幼儿园、东区生活组团二期、西区生活组团二期、风雨操场、学生生活中心、教职工服务中心、博物馆档案馆、大型地震工程模拟研究设施、环境与资源科技创新平台等组团进行规划建设。

新校区总体规划体现“一个中心、三个融合”的理念：

表5-1 天津大学北洋园校区一期工程项目一览表

项目名称	层数	建筑面积 / 米^2	备注
图书馆组团	地上 4 层，地下 1 层	55091.84	图书馆、信息网络中心
综合教学实验楼组团	5	39438	基础实验教学（物理、电气电子、计算机教学实验中心及语音教室）
机械教学组团	地上 1、5 层，地下 1 层（仅局部设备层）	77307	实验、教学
行政服务中心	地上 4 层，地下 1 层	27757	
综合体育馆	地上 2 层，地下 1 层	18798	
主楼组团	地上 5 层，地下 1 层	88400	文科教学楼组团、理学院综合楼、材料学院非化学类学科教学楼、会议中心
第一公共教学楼	3	10762.1	三星绿色建筑
第二公共教学楼	4	24450	
水土建教学组团：环境与建工综合楼	5	38657.77	A 区
水土建教学组团：工学院实验室	1	28336.75	B 区
计算机软件教学组团	5	19790	
化工材料教学组团	5	101871.3	
大通学生中心	3	10145	
东区生活组团	1、3、5、13、17	43209.26	居住、餐饮
北区生活组团	1、2、5	70879.79	居住、餐饮、安保中心
中区生活组团	2、3、4、5	45903.16	居住、餐饮、宿管中心
南区生活组团	1、2、5	44539	居住、餐饮
硕士生公寓组团	1、4、5	34845.6	
博士生公寓组团	5	44450	
西区生活组团	2、5、6	52079.86	居住、餐饮
第三食堂	2	3671.2	
第五食堂	1、2、3	5862.56	

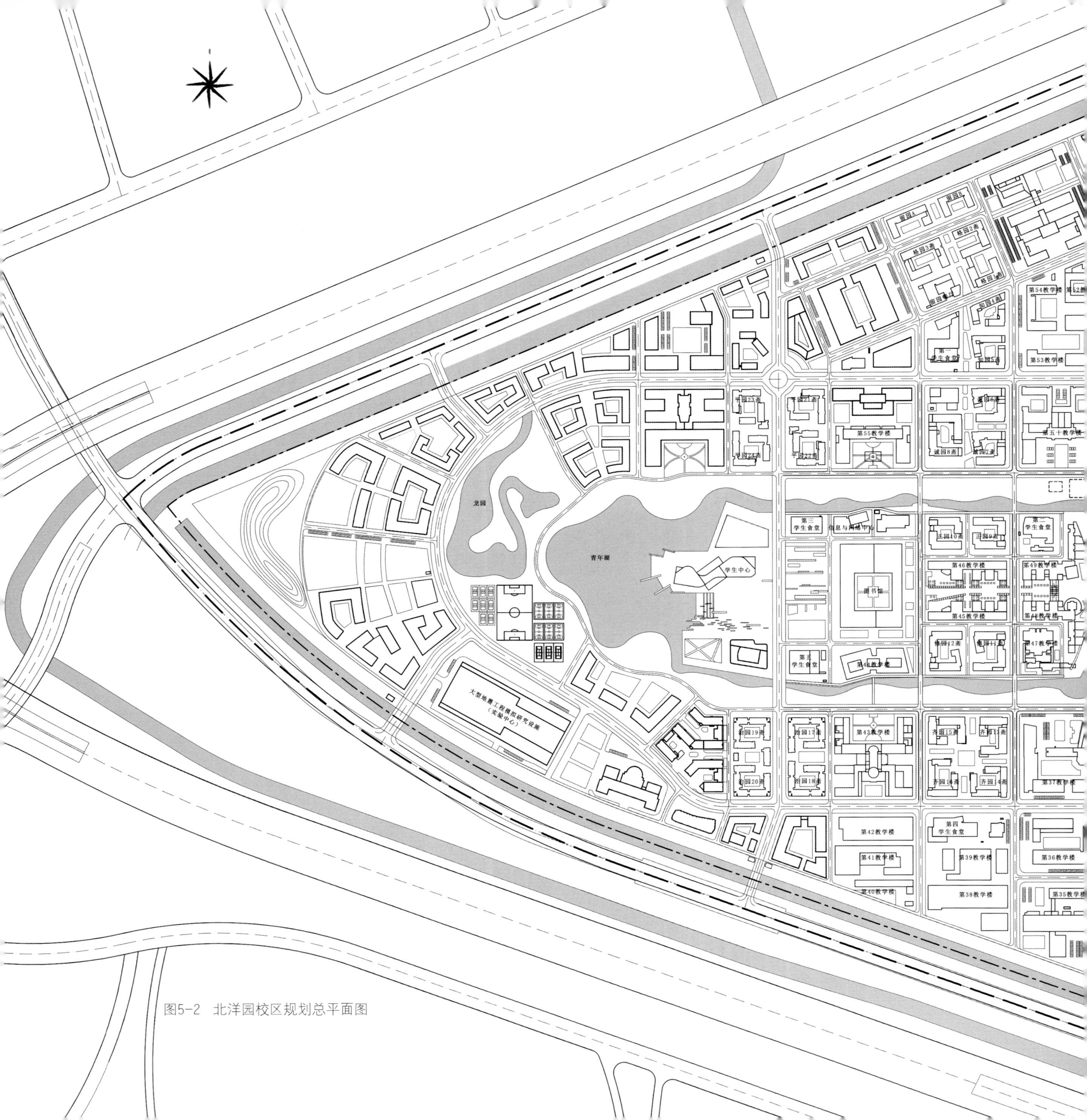

图5-2　北洋园校区规划总平面图

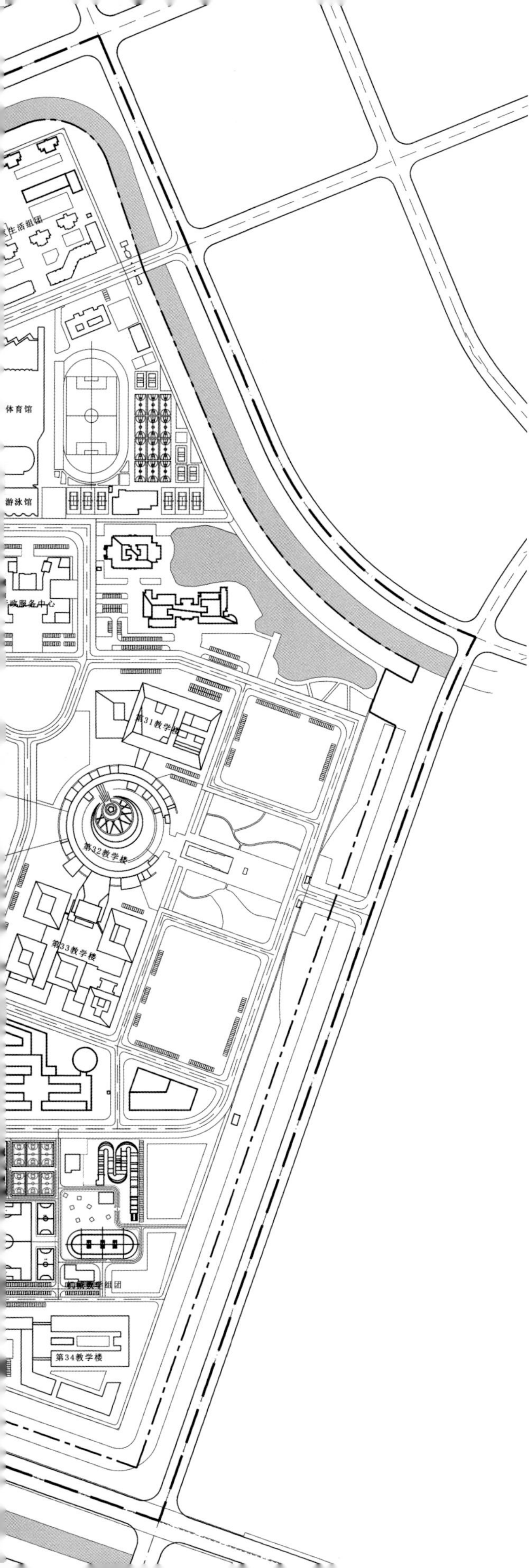

以学生成长为中心，同时适应育人的需要和新时期教育和科学发展的趋势；形成学科的集聚与融合、教学和科研的融合、学生和教师的融合，形成若干相互关联的学科组团，丰富学生在学校的多样化体验，促进师生交流。体现育人为本、学科融合、厚重纯朴、生态和谐、开放便捷等办学理念，着力建设人文校园、绿色校园、和谐校园、智慧校园[3]。

作为一个以湖泊、人工湿地为核心的水体生态校园，新校区内各建筑依水而建，形成富有特色的湖畔水景校园。以“学科带+功能带”为基本建设模式的新型规划模式包括工科学科一带、工科学科二带、基础学科带、文理学科带和行政对外功能区、教学实验功能区、体育教学功能区、学生生活功能区、体育休闲功能区等，充分满足师生学习、生活和工作的需要[3]。本次规划以东西向的中心线为基轴，并通过基本对称布局的矩阵网格道路体系，将校区分隔成若干区块，形成疏密有度、均匀错落的功能建筑群，最终形成一轴、一环、一岛、四片区的总体规划结构。同时，在校园中建设了百年名校的历史文化长轴，展现天津大学的百年历史进程。

天津大学北洋园校区规划结构最大的特色在于“一轴两翼”的空间布局。“一轴”首先是营造以学生公共活动为中心的中轴空间。该轴线空间从校园主校门开始，经校前区广场进入核心岛求是大道、校园标志性建筑——图书馆，进而到达校园中最大的水面——青年湖畔一侧。其次，这条校园轴线将图书馆、综合实验楼组团、主楼综合体、公共教室、学生活动中心等基础性、共享性的建筑布局在中心轴区，使之成为公共活动的核心空间，这不仅可以最大限度地发挥这些建筑、设施的功能作用，而且也使师生能够最便捷地享用这些公共资源。校园规划结构中的“两翼”空间主要承载着各学院组团与学生生活组团。为了加强与校园主轴线的空间联系，四个学院组团的主入口均面向校园主轴，而且都有一个大小相仿的形象广场；每个学院的内部空间及院落布局的轴线与校园主轴线垂直，能实现交通关系上的通廊及空间体验的连续性[4]4-5。

与此同时，根据“两翼”结构中学科组团与生活组团交错布局的特征，学生生活组团共分北区、中区、南区、硕士生、博士生、教师公寓6个组团。它们不仅与学院组团交叉布局，而且通过若干跨水景观轴线联系校园核心轴空间，使用方便，又为校园景观增色，体现以学生生活为中心的设计理念。另外，为了将生活组团建设成为层次多、尺度宜人的场所，让学生在宿舍区内能够充分交流，规划空间布局将地块划分成生活区、休闲区、后勤区以及二期

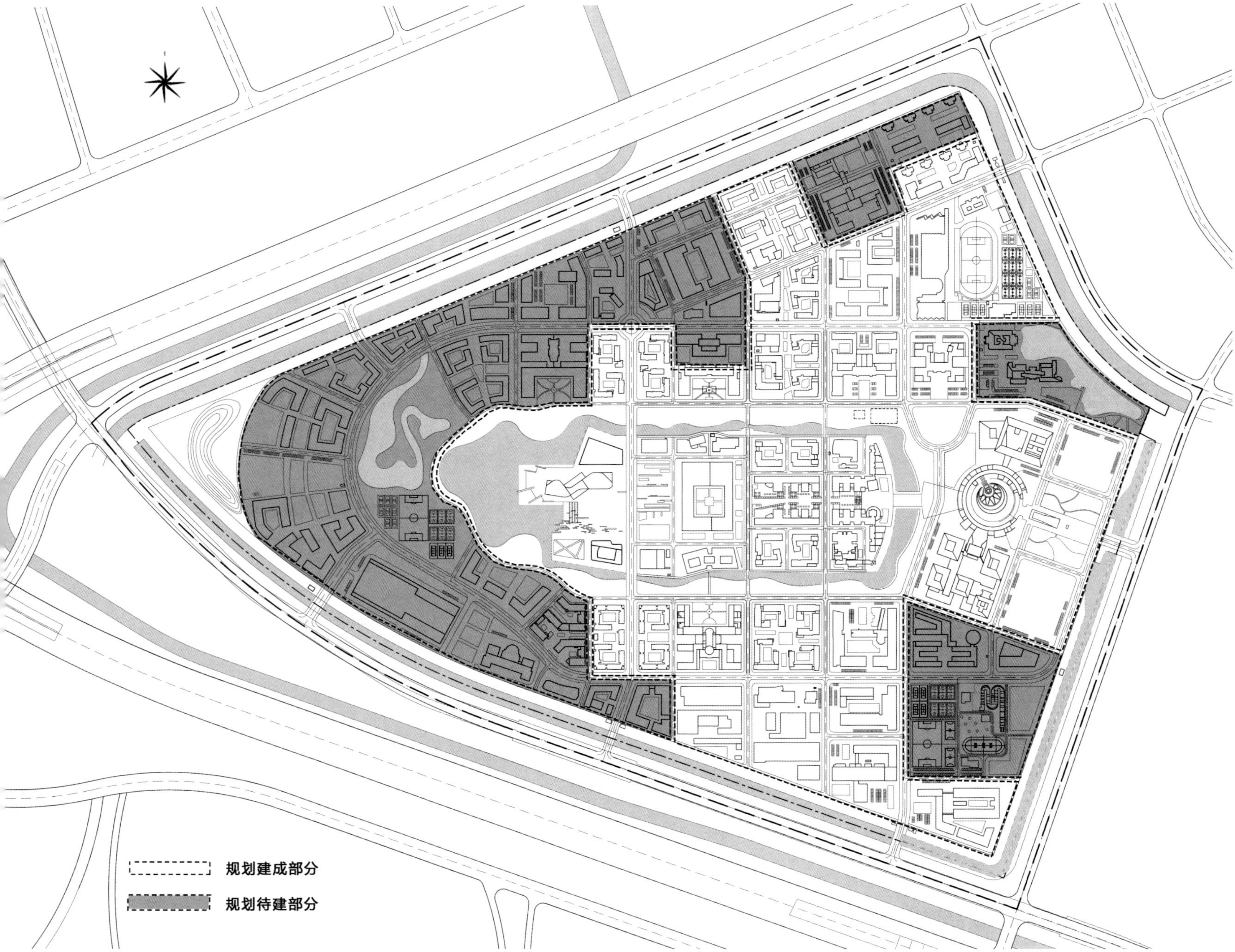

图5-3 天津大学北洋园校区分期建设规划图

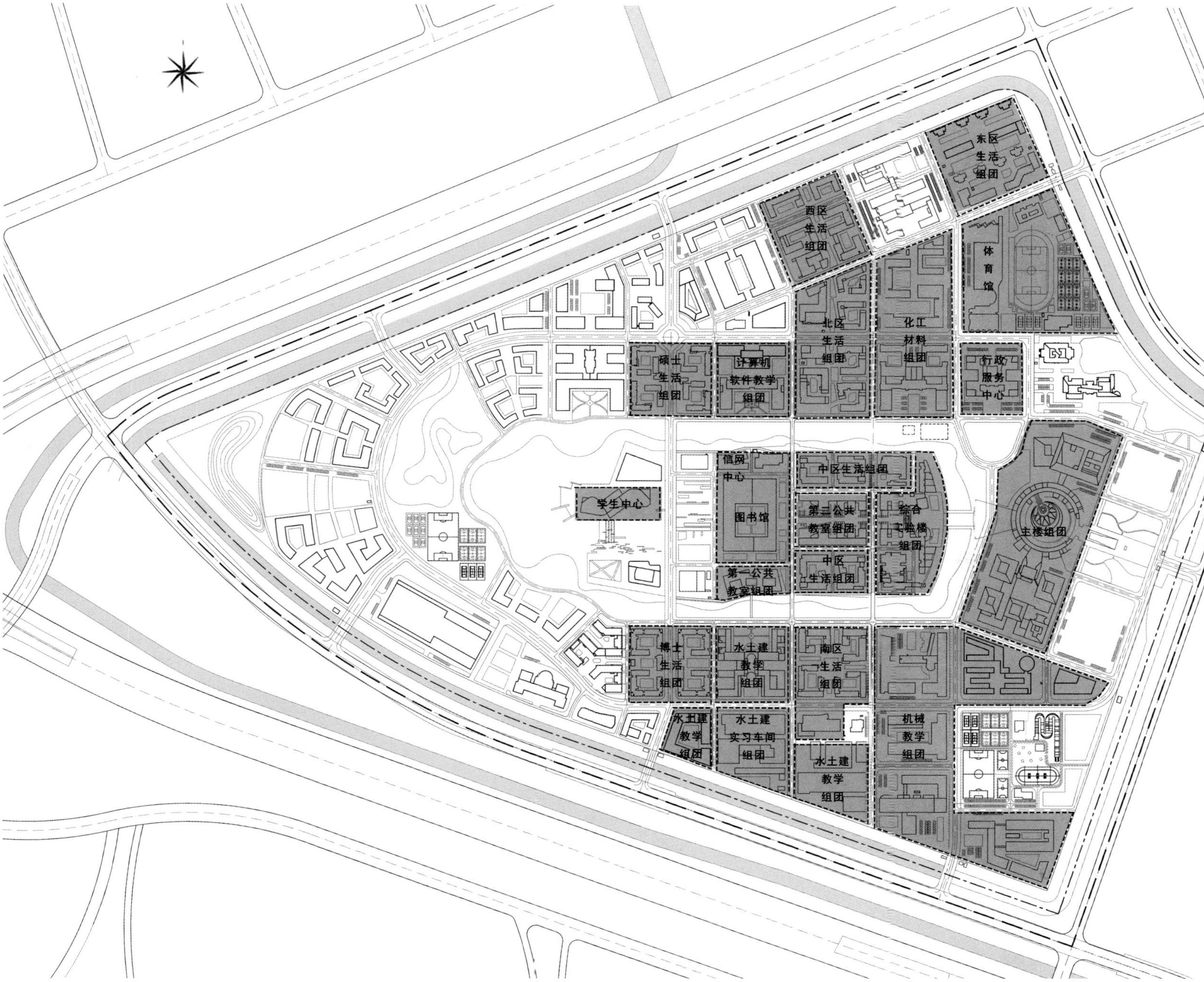

图5-4　天津大学北洋园校区建筑组团

预留用地四个部分。学生宿舍院落采用围合的方式，院落的第一层次为半开放的广场，利于人流的集散；院落的第二层次为相对私密的生活交往空间，可让学生们在组团内部享受轻松愉悦的氛围。在每栋宿舍楼的首层还设置了一个公共服务平台，包括超市、洗衣房、自习室、书吧等，为学生提供了便利的生活空间[4]4-5。

第二节　校园建筑一览

1. 公共建筑

（1）主楼组团（第31—33教学楼）

北洋园校区校前区由中心广场及主楼组团组成。主楼建筑占地面积13.95万平方米，建筑面积88400平方米。其中，广场南侧为文科组团建筑，包括文法、教育和马克思主义三个学院及公共教学楼，北侧是材料学院的非化学类部分学科建筑，中心广场的围合建筑为理学院综合楼及会议中心（求实会堂）。

主楼建筑组团设计融合了中国古代建筑元素及现代建筑特征，与校园整体规划及建筑氛围相适应。校园入口空间的中心广场（图5-5）位于校园轴线与核心岛的轴线转折处，由圆形建筑围合而成，以圆形体量形成自然的转折，化解了轴线转折的矛盾，保证了整体空间的通畅性。在空间上，同位于校园主轴线上的核心岛内的方形图书馆与圆形广场遥相呼应，隐喻中国古代“天圆地方”的哲学思想[5]。

图 5-5　北洋纪念亭与圆形广场

北洋纪念亭

整组建筑以圆形的广场为中心，建筑沿广场周边布置，呈现出一种开放的姿态（图5-6）。圆形广场与东侧的校前广场和西侧的核心岛步行空间共同形成开放化的校园空间体系。广场地面“年轮”意象的采用及北洋纪念亭、外围纪念墙的设计，隐喻“十年树木，百年树人”的教育理念，展现天津大学悠久的历史及深沉厚重的校园文化。

图 5-6 北洋园校区主楼建筑组团

主楼组团中的建筑造型与功能相统一，文科组团多层次的院落和坡屋顶的造型源自传统的书院空间，理科和材料组团空间则体现出现代理性主义的特点。

为体现学校新老校区之间的传承性，新校区教学组团建筑亦以数字排序，并根据卫津路校区楼号接续排列。出于为卫津路校区未来建设预留空间的考虑，新校区楼号以“第31教学楼”为始，并按照由南至北的顺时针顺序依次命名。主楼北配楼、主楼和主楼南配楼分别为第31教学楼、第32教学楼和第33教学楼（图5-7~图5-9）。

图5-7　第31教学楼

图5-8　第33教学楼

图5-9　第32教学楼

（2）综合实验楼组团（第47—49教学楼）

综合实验楼组团位于新校区核心岛的最前端，东西主轴线从建筑之间穿过。综合实验楼组团为基础实验教学类建筑，是面向全校本科生开放的教学场所，总建筑面积4039平方米，由物理教学实验中心、电气电子教学实验中心、计算机教学实验中心和语音教室三个建筑单体组成（图5-10）。

建筑布置严格按照总体规划设定的建筑贴线要求，建筑的外侧形成层层的平台，一方面使建筑与周边的绿化空间、水体空间建立起对话关系；另一方面，一系列的退台空间也为学生提供了多层次的室外开放交流空间。建筑造型从功能出发，力求简洁朴素，体现教育建筑的自身特色，仅对主轴线两侧的两个入口空间做了特殊处理，形成进入核心岛的两个标志点。

综合教学实验楼的三个单体建筑在编入序号统一命名的同时，分别命名为静算楼（第47教学楼）、规圆

图5-10　综合教学实验楼建筑组团鸟瞰

楼（第48教学楼）和矩方楼（第49教学楼）。静算，出自《晋书·殷浩传》，其含义为“审慎地规划”。规圆、矩方，出自《汉书·律历志（上）》，含义为“够标准、合法度”。以静算、规圆和矩方命名这三座实验楼，不仅与其建筑各自的外观和用途贴合，也旨在突出天大师生秉承实事求是的校风和严谨治学的优良传统。（图5-11~图5-14）

图5-11 第47教学楼

图5-12 综合教学实验楼组团

图5-13　第48教学楼

图5-14　第49教学楼

（3）郑东图书馆

郑东图书馆处于新校区的中心位置，建筑主体重心与校园东西轴线相重合，周边有公共教学区环绕，是各个景观轴线的交会处。郑东图书馆由天津大学校友郑东冠名捐资，总建筑面积为55092平方米（图5-15）。

图书馆总体借鉴中国传统建筑的以“庭院”为中心的空间模式，营造一个具有现代校园精神的公共性、开放性的文化场所。建筑总体呈长方形，中部设有72米×72米的室外庭院（中心庭院），并以158米 ×117米的空间体量，以玻璃、铝幕墙为主的通透明快、水平伸展的形体表现了其现代、开放的气质（图5-16）。

图5-15 北洋园校区图书馆建筑组团

天大 美食广场

图5-16　郑东图书馆

入口

图书馆作为北洋园校区信息资源的保障中心、专业知识的交流中心、科技创新的体验中心以及国际文化的交流平台[6]，总体布局注重体现现代大学多样化的功能需要。由中部贯通东西的空间入口，引导人流进入中心庭院空间，再依次到达图书馆大厅、学术报告厅、多功能厅、自习教室、书店、咖啡茶吧等功能空间，同时，庭院空间也提供了优雅静谧的环境和室外阅读休憩的场所，可举办各种典礼仪式和文化活动（图5-17）。

图书馆充分融入了绿色建筑的理念，结合平面功能和室内外庭院布置，最大限度利用自然采光和自然通风。建筑周边布置大量阅览空间，保证足够的自然光照度，并通过与阅览空间相对的外墙开窗和内外庭院、天井等组织自然通风。在选材细节上注重强化建筑的地域性、文化性，结合现代建筑特色、生态环保，在创造一个物质资源空间载体的同时，也突出了其校园生活核心空间和精神场所空间的作用[4]246-247（图5-18）。

图5-17　图书馆内庭院

图5-18 图书馆室内空间

（4）信息与网络中心

图书馆北侧即为其所属的信息与网络中心（以下简称“信网中心”），与图书馆隔路沿街布置，主要出入口位于东侧，也采用庭院式布置解决采光、通风问题。因其功能更具专业性的要求，外形相对图书馆处理得较为封闭，并通过外檐的凹凸变化和材料质感而区别于图书馆，具有独特的外部形象（图5-19、图5-20）。信网中心东侧结合景观绿化布置集中自行车停车场，另设地下车库汽车坡道，作为地下车库主要出入口连接校十路。

图5-19 信息与网络中心（一）

图5-20 信息与网络中心（二）

（5）第一公共教学楼（第44教学楼）

第一公共教学楼处于新校区图书馆南侧，建筑主体轴线与图书馆南北轴线重合，毗邻宿舍区，南侧有景观河流，位置重要，景观良好（图5-21、图5-22）。建筑由两组单侧走廊的教学单元围合成一个室外庭院，两个教学单元内部各自围绕室内中庭安排功能。建筑东西长130米，外形完整、简洁，以砖、玻璃为主的建筑材料体现了其现代、简洁、高效的校园气质。总体布局注重体现教学楼的特点，根据人流方向，将主入口分别置于建筑东西两侧，并充分考虑到与图书馆南侧入口的贯通，架空空间成为次入口。教学楼内设计的庭院空间环境优雅，师生可在此处进行阅读和休憩。

图5-21　第一公共教学楼（一）

图5-22　第一公共教学楼（二）

第一公共教学楼作为天津大学新校区三星级绿色建筑的示范工程，在建筑方案阶段就与绿色建筑的要求相结合。在选材细节上也注重强化建筑的地域性、文化性，一方面运用砖作为主要建筑材料与天津大学的整体气质相匹配；另一方面，采用当代的建筑语言处理砖材料，形成文化气质与现代气质并重的教学建筑[4]94-95。

（6）第二公共教学楼（第45、46教学楼）

第二公共教学楼位于新校区中轴线的中段，分为南北两栋，各4层。设计中将南侧两个地块与北侧两个地块通过过街楼两两相连，使建筑形态更为舒展，强化中轴线与两侧的序列感；形体与两侧的图书馆与综合实验楼相呼应，并采用比较低调的设计手法，使建筑成为中轴线两端重要建筑的背景，形成整体和谐的环境关系（图5-23、图5-24）。外墙材料为页岩砖，设计方案根据页岩砖的尺寸和工艺要求使用严格的平面及立面模数，并采用砖损耗较少的砌筑方法，在实现严谨的立面效果的同时提高经济性。

建筑功能以公共教室为主，设计上尽量采用单廊布置教室，提供良好的采光和通风条件。教室的墙体和吊顶按声学设计要求采用不同的声学处理材料，以提高教学中的声学表现。在外窗加设反光遮阳板改善教室窗口与教室深处的照度均匀度，并尽量减少白天人工照明的使用，以节约能源。宽敞明亮的走廊和公共空间、舒适的教室，为学生们提供了舒适的学习环境。

图5-23　北洋园校区第二公共教学楼建筑组团鸟瞰图

图5-24 第二公共教学楼组团

（7）大通学生中心

大通学生中心坐落在新校区主轴线的尽端，三个简单的矩形体块依次展开，突出水面的半岛将其引向开阔的自然景观，与轴线序列空间中端庄的校园景象形成对比。

北洋园校区大通学生中心整栋建筑的设计从功能入手，让有限的面积产生最大的效益。在校区这边，建筑外墙使用的是校园通用的红砖，窗洞规律、严谨；湖区一侧，建筑的外墙通透，将优美的景色纳入其中。整个建筑造型既考虑到与校园风格的协调，又结合了湖区的自然景致；既体现了天津大学严谨的校风，又呈现出年轻人活泼、浪漫的气质（图5-25）。

学校建校120周年之际，天大1983级校友、大通集团董事长李占通先生捐资设立“天津大学大通教育基金”。为表感谢，学校特将北洋园校区学生中心命名为“大通学生中心”。

图 5-25 大通学生中心

（8）行政服务中心

北洋园校区行政服务中心又称“1895大厦”，体现了天津大学百年老校的悠久底蕴及标志性时代特征。该建筑将多重院落嵌入其中，尺度亲切，室内外空间丰富，模块化的功能分区有利于多功能合理布局，“化整为零”的体量创造了良好的采光与通风条件，将自然环境融入办公环境（图5-26、图5-27）。

建筑设计引入“柱林”的概念，寓意“十年树木，百

图5-26　行政服务中心建筑组团

图5-27　行政服务中心

年树人”，赋予建筑仪式感和标志性，前庭缓冲空间烘托了独特的建筑氛围。4层交通串联汇聚于景观楼梯，行走的人流结合顶部天窗的光影变幻，获得步移景变的空间体验。从行政服务中心前开阔的广场经过柱廊、前庭进入门厅，通过景观楼梯到达茶歇处及各办公区域，形成独具特色的空间序列（图5-28）。

图5-28　行政服务中心主入口

（9）综合体育馆

综合体育馆位于校前区北侧，主要功能为满足日常体育教学、科研及师生体育锻炼的需求，包括各种室内运动场地、教学及科研用房、配套设施用房，以及室外田径场、各类球场、集中器械场地和极限运动场所（图5-29）。

建筑主体包含室内体育活动中心和游泳馆两大部分（图5-30、图5-31），以一条跨街的大型缓拱形廊桥将两者的公共空间串连成一个整体，并形成一个环抱的入口广场，沟通建筑东西和南北。沿西立面首层展开的檐廊空间使室内运动场地向校园空间打开，成为良好的交往互动空间。建筑主体东侧设置若干室外运动场地，与相邻城市水系景观带自然过渡，并与在主体北侧设置的集中器械场、极限运动区等室外活动场地，被围合于建筑主体和北侧的游廊式建筑（含小卖部及器械用房）之间[7]。

各类室内运动场地——排球场、网球场、篮球场、羽毛球场、径赛训练馆（室内跑道）、乒乓球馆、舞蹈馆、体操馆、健身馆、跆拳道馆、游泳馆等，依照其对平面尺寸、净空高度及使用方式（专用或兼用）的不同要求，紧凑排列[8]。

图5-29　综合体育馆建筑组团

图5-30　游泳馆

图5-31　体育活动中心

2. 教学与科研建筑

（1）水土建教学组团（第43教学楼）

新校区一期建设的水土建教学组团，由建工学院和环境学院等组合形成，包括建筑工程学院、环境科学与工程学院、求是学部、国际工程师学院四部分。基地位于新校区南侧，被校园车行主干道划分为南北两个地块[9]。北侧地块北面与学校图书馆隔景观河相望，东西两侧紧邻学生生活组团；南侧地块东边是校园公共开放的景观绿地，西边紧邻南校前区广场，校际联络线地铁在南校前区广场设有停靠站[9]（图5-32）。

图 5-32　水土建教学建筑组团

水土建教学组团中间设置共享中庭，连接南北两个半围合庭院。组团内院落相互叠加，形成了大院套小院的空间模式，多个院子形态不同、明暗不同、尺度不同，共存于建筑组团中[10]。从主楼依次经过南广场、南门厅，而后再经过一个舒缓的大楼梯，人流被引向建筑的主要使用层面——三层。经过大楼梯进入位于建筑三层的共享中厅，通过中厅两侧的楼梯分别可到达建筑的四层。内部走廊在适当的位置拓宽，避免了长走廊空间的单调，成为师生们课间交流的场所之一[9]。

建筑立面采用七里台校区建筑中给人留下深刻印象的“过火砖”为基本材料，局部植入素混凝土，以“土木”的表现力塑造一个稳重、简约、具有传承和记忆的建筑。建工学院的北向入口门厅同时作为院史陈列室，两侧为狭长的过道，通过宽与窄、实与虚、清水混凝土与红砖、室内与室外的过渡，建筑在空间与材料上形成了鲜明的变化[10]（图5-33）。

（2）水土建实习车间（第38—42教学楼）

水土建实习车间用地位于新校区南端，面朝护校河，外临八纬路，属于新校区南侧教学区边缘区域。基地被南北方向的校十路分为东、西两个地块：西侧地块布置有水利馆、船舶与海洋工程馆、深水结构实验室、岩土工程研究所；东侧地块布置有港口与海岸工程实验室、土木馆和设备用房（图5-34）。

建筑设计将车间与其他区域的联系以及自身内部交通

图 5-33　第43教学楼

图5-34　水土建实习车间建筑组团

的便捷问题予以重点处理，同时注重交通通达性，四周均设有入口，方便使用人群以及实验车辆到达。在用地内部，顺应实验需求设计了形态多样的庭院空间，建筑与地形结合紧密，使不同功能的实验室均获得较好的通风与采光。

各实习车间基本为单层建筑，空间组织构成以各实习车间主要实验区为中心，沿各自周边布置对高度要求较低的各种实验辅助用房。主要实习区都与该实习车间室外缓冲场地有便捷的联系，方便实际使用中进行室内、室外的功能联系[11]（图5-35~图5-39）。

图5-35　土木馆（第38教学楼）

图5-36　港口与海岸工程实验室（第39教学楼）

图5-37　深水结构实验室（第40教学楼）

图5-38　船舶与海洋工程馆（第41教学楼）

图5-39　岩土工程研究所（第42教学楼）

（3）化工材料教学组团（第50—54教学楼）

化工材料教学组团位于新校区内北偏东、体育馆以西的位置，邻近校前区广场，包括化工学院、材料学院新材料实验楼以及理学院化学系三部分。组团根据区域分为化工学院南区（第50教学楼）和化工学院北区（第51—54教学楼）。平面功能组成上，化工学院南区包括行政办公室、专业教室和部分学院实验室与研究中心；化工学院北区则包括材料学院新材料实验楼、理学院实验中心和部分国家重点实验室以及研究中心[11]（图5-40）。

化工学院南区采用对称式整体平面，围合成多个空间舒展式内庭院和半开放式庭院。南区主入口正对湖心岛，立面风格稳健大方，其主要功能是用作实验室，充分考虑到实验室功能的各项要求，设计了更为规范、合理、科学的实验楼通风系统，使其符合环保要求，让学生在更为健康的环境中做实验。中心庭院的设计不仅美化了环境，而且为学生创造了相互沟通、亲切交往的空间（图5-41）。

化工学院北区较为简练，由整体式平面构成，几个不同的体块围合成不同的外庭院空间，包括封闭式内院和半开放式庭院，为各学院学生提供了相互学习和交流的机会。东西配楼有100~140人的教室、40~140人的报告厅、会议室、多功能厅，为学生提供更为宽敞、舒适的学习交流空间。结合实验室的平面模数，立面设计以竖直线条作为母题贯穿始终，相对简洁（图5-42~图5-45）。

化工材料教学组团南北区两种风格形成鲜明的对比，建筑墙体材料为砖红色面砖和亮灰色涂料，与新校区整体形象和环境相契合。组团主体高22.95米，共有5层，与校园的北区生活组团相协调，与校园周边环境形成和谐的互动关系。

图 5-40 化工材料教学建筑组团

图 5-41 化工学院（第50教学楼）

图5-42　化工学院（第51教学楼）

图5-43　化工学院（第52楼教学楼）

图5-44　化工学院（第53教学楼）

图5-45　化工学院（第54楼教学楼）

建筑整体方向感强，人流疏散合理便捷，且各类办公、实验用房采光通风得到保证，尊重新校区整体环境特征。建筑窗口规整，并全部采用低辐射（Low-E）玻璃，具有优异的隔热效果和良好的透光性，既能保温又能隔热。

（4）机械教学组团（第34—37教学楼）

机械教学组团位于校园东南隅，南邻校门东南门，东邻风雨操场，西邻学生宿舍组团，北邻校园中心景观带（图5-46）。结合总体校园规划，机械组团分为四个部分：由北至南依次为机械大楼、力学大楼、机械工程实践教学中心和热动力大楼，具备教学办公、实验实习、观演展示与科研等功能[12]。

根据办公区与实验区的空间特点，建筑整体采用功能复合的设计策略，兼顾环保、安防、卫生、交通等要求，形成动静分区。组团主要为两大功能区：实验区（实习、实验类用房）和办公区（办公、科研类用房）。兼具办公和教学主楼功能的机械大楼（图5-47）采取优雅的均衡建筑构图，面向校园内的主要道路，而其他各类实验厂房位于学院组团的南侧，尽量减少对校园内部的干扰。热动力大楼（图5-48）

图5-46　机械教学建筑组团

图5-47　机械大楼（第37教学楼）

图5-48　热动力大楼（第34教学楼）

配有油库，按选址规范将其布置在远离学生生活区的东南角，既可以满足安防要求，又可作为整个学院的对外展示窗口[12]。

机械大楼包括学院行政楼（北楼）和机械系办公楼（南楼）两部分。北楼满足学校基础课教学和学院教学、办公、会议等功能要求，有可容纳320人的报告厅。南楼为机械系的办公、科研和实验用房。东西两侧为大空间实验厂房，单层通高并预留扩展空间。力学大楼由力学学科中心（北楼）和国家级示范中心（南楼）组成（图5-49）。北楼办公区与实验区（实验室和专业教室）竖向功能复合，南楼均为实验区（本科生公共实验室）。两部分的建筑层数与层高各不相同，通过二层连通。机械工程实践教学中心（图5-50）主要包括实习楼和实验楼，实习楼供本科生实习使用，实验楼包括实验区和办公区。热动力大楼由热动和热工两学科的办公空间与实验室部分组成。西侧布置办公区，围合出入口广场。其中，北半部为热动学科，南半部为热工学科，并通过中庭连接。东侧为国家重点实验室区[12]。

图5-49　力学大楼（第36教学楼）

图5-50　机械工程实践教学中心（第35教学楼）

图 5-51　北洋园校区计算机软件教学建筑组团

（5）计算机软件教学组团（第55教学楼）

计算机学院和软件学院教学楼位于公共教学核心区北侧，南侧与图书馆隔着一道景观水系，两个学院建筑面积合计为19790平方米，其北侧为预留二期用地（图5-51）。

建筑呈“U”字形对称布局，围合出相对宽敞的南部院落。建筑中轴处布置入口大厅、休息厅、会议室等公共空间。计算机和软件学院分置两侧，各有独立的展示、交流空间。建筑立面结合分体空调室外机的安放位置，利用横竖两种窗洞组合，隐喻二进制中的数字0和数字1，体现计算机和软件技术的学科特点[11]（图5-52）。

图5-52　智能与计算机学部（第55教学楼）

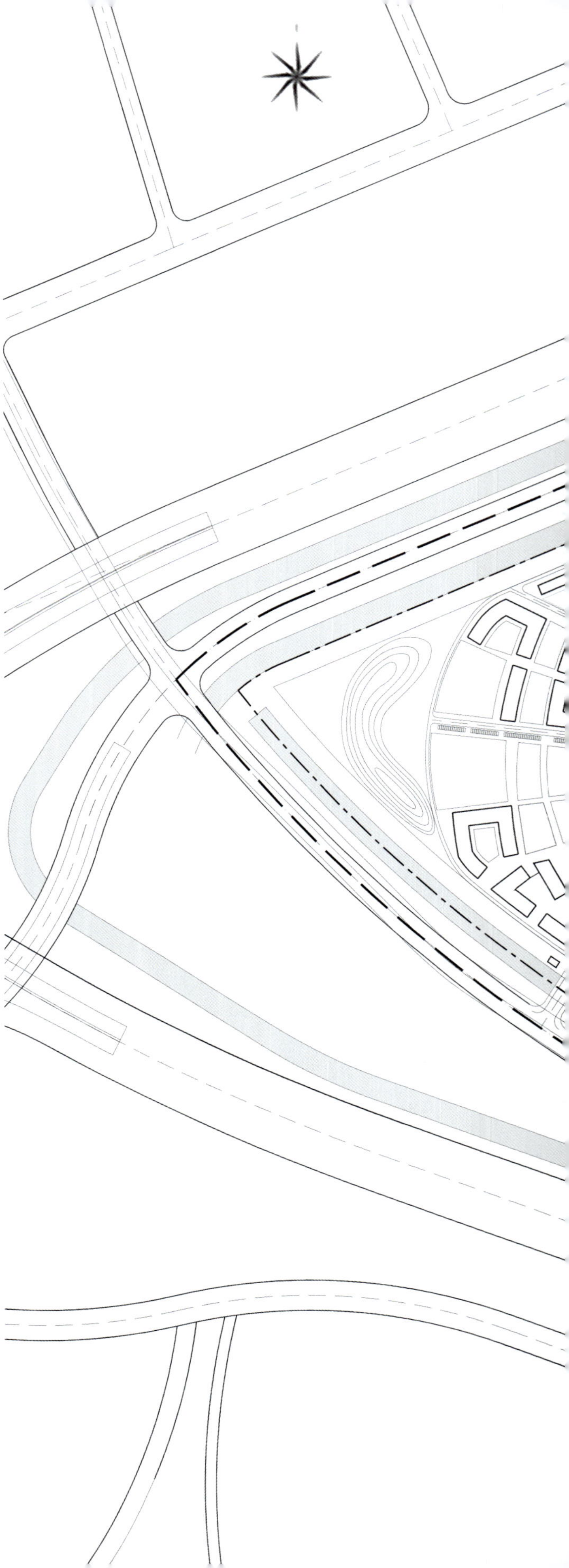

3. 学生宿舍与食堂

学生生活组团（图5-53）主要包括中区、北区、南区、东区、西区、硕士生公寓组团和博士生公寓组团。

新校区宿舍根据建筑围合排序，共计分为24个斋。学生生活组团参考中国传统典籍《大学》中修养成才的“八条目”（格物、致知、诚意、正心、修身、齐家、治国、平天下）命名，将24个斋按组团分别命名为格园、知园、诚园、正园、修园、齐园、治园及平园。

新校区共设有8个食堂。食堂以寓意美好的植物为命名元素，其中第三学生食堂和第五学生食堂附近为海棠树和桃花树，故命名为“棠园”和“桃园”，其余4个学生食堂以中国传统文化中寓意高洁的“四君子”梅兰竹菊为名，分别为第一学生食堂（梅园）、第二学生食堂（兰园）、第四学生食堂（竹园）和第六学生食堂（菊园）。留学生食堂和教师食堂则分别以“留园”（邻近留学生公寓）和“青园”（邻近青年教师公寓）命名[11]。

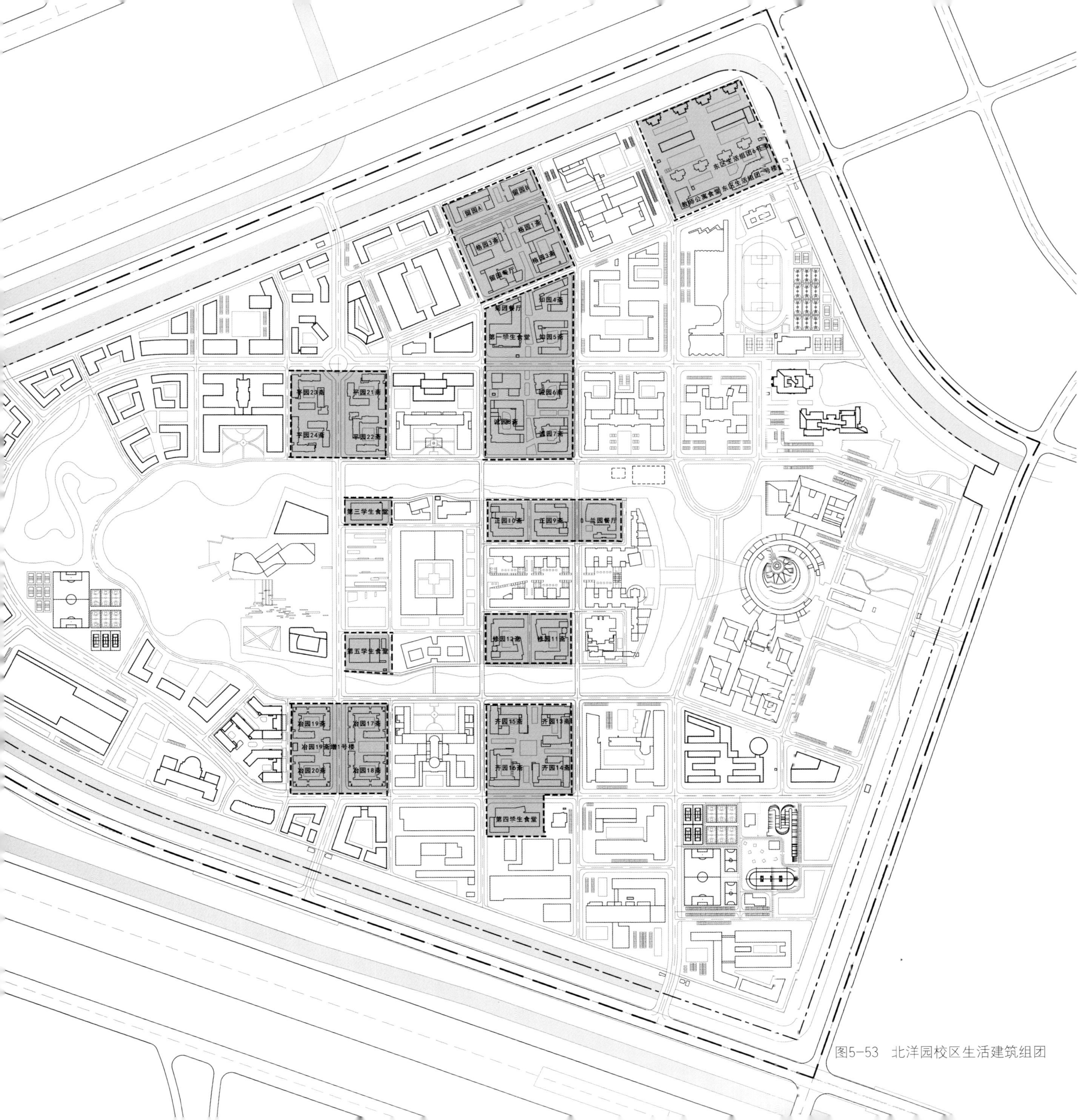

图5-53　北洋园校区生活建筑组团

（1）东区生活组团

东区生活组团位于新校区东北隅，分两期建设，具有以下几种功能：一是作为博士后人员及学校新引进人才的周转租住宿舍，二是作为部分新入校辅导员及其他工作人员的宿舍，三是有配套的教工食堂及校医院。

邻近校园主路的建筑为多层，其底层设计为服务于整个区域的商铺、餐饮、物业等用房，并在邻近校园出入口的部分形成开敞的集散空间。西北侧为塔式住宅，与多层宿舍及食堂形成相对围合的半私密空间。

建筑造型采用简洁的古典设计风格，传统的坡屋顶形式也与居住建筑的性质相吻合。校园主路南侧的校医院建筑布局采用合院式，合理分配了建筑功能的总流线需求，通过回廊布置，形成了丰富多彩的内部空间。立面材料上采用生态木与砖相结合的形式，表现建筑厚重内敛的性格及绿色生态构造的特点[11]。

（2）南区生活组团

南区生活组团的宿舍区由2幢本科生公寓、2幢硕士生公寓（齐园13—16斋）和1个学生食堂（第四学生食堂竹园）组成，遵循“一生二、二生四”的设计初衷，形成沿基地周边向心式的风车状总体布局。

宿舍内部使用功能力求简约实用，采取方正的形态和紧凑的空间，争取最大的使用效率及经济性。活动室、自习室、咖啡厅等不同属性的公共功能被不同私密层级的景观元素组织起来，形成完整的群落聚合体，中心集中绿化广场作为聚合体的核心不断传达出整个场域的张力和多元性，为学生们丰富的课余活动提供多可能性的平台（图5-54）。

第四学生食堂（图5-55）位于宿舍区的南侧，主入口广场与宿舍中心集中绿化广场相呼应。内部就餐区与厨房区南北分置，合理的功能整合与流线的组织很大程度上削弱了瞬间人流量对就餐空间的压迫。门厅北侧的对景庭院及入口处的室外就餐平台均设置为小尺度的空间[11]。

图5-54　齐园

图5-55　第四学生食堂（竹园）

（3）西区生活组团

西区生活组团主要包括留学生公寓（留园A、B）、本科生公寓（格园1—3斋）和学生食堂（留园餐厅）。

组团延续校区的轴线肌理，在地块内设置了南北向的景观带。建筑沿景观带布置，并采用围合式布局，形成内庭院空间。

留学生公寓位于地块北侧，沿河，景观条件优越（图5-56）。本科生公寓分别位于主景观带两侧，形成不同开口方向的院落，统一且富有变化（图5-57）。食堂位于地块的西南侧，与景观带相邻，既便于人流疏散，又有较好的景观。区别于其他组团的食堂设计，留园餐厅在二层设置了餐饮及活动露台，突出公共建筑的活泼形式，结合未来留学生及本科学生的使用，为师生提供了一个人性化的交往活动空间（图5-58）。景观设计延续校园景观轴，在组团之间形成了共享的绿化景观带并与组团内庭院互动，创造了优美的校园居住空间。

西区生活组团与校园整体规划建筑风格相协调，外檐主材采用仿面砖涂料，立面形式简洁大气，突出宿舍建筑的特质[11]。

（4）北区生活组团

北区生活组团由5栋宿舍楼，包括北侧知园4、5斋和南侧诚园6—8斋，2个学生食堂（第一学生食堂梅园和第六学生食堂菊园）和安保中心组成（图5-59~图5-62）。其宿舍楼不同于传统宿舍的行列式布局，它以学生生活需求为中心，创造了半开放式的院落空间，打破了以往“三点一线”的单调的生活方式。院落的第一层次为半开放的广场，利于人流的集散；院落的第二层次为相对私密的生活交往空间，促进组团内部形成轻松愉悦的氛围。

（5）中区生活组团

中区生活组团由4栋宿舍楼（包括北侧正园9、10斋和南侧修园11、12斋）、1个学生食堂（第二学生食堂兰园）

图5-56　留园

图5-57　格园

图5-58　留园餐厅

图5-59　知园

图5-60　诚园

图5-61　第一学生食堂（梅园）

图5-62　第六学生食堂（菊园）

和宿管中心组成，4栋宿舍楼均已取得绿色建筑二星级运营标识[13]。

组团采用围合式分别形成了两个内庭院空间，并在两组团相邻处设置了景观延伸至水面，整体设计统一且富有变化。第二学生食堂（图5-63）及宿管中心布置在地块的东侧，交通便捷。食堂用地的西南角设置了入口广场，在满足疏散功能的同时，营造出入口空间氛围。宿管中心与食堂围合布局，形成食堂后院，便于实际使用与隐蔽[11]。

图5-63　第二学生食堂（兰园）

组团立面设计与整体规划相协调。正园、修园形体简洁，在檐口、窗台等细部处理体现出精细的设计，外檐主要材质选用红色面砖，体现出校园建筑的稳重与典雅[13]（图5-64、图5-65）。

（6）硕士生公寓组团（平园）

硕士生公寓组团建筑融入交流与共享的功能，包含内部活动室、公共自习室、超市、咖啡饮品店、室外露台等功能区（图5-66）。

（7）博士生公寓组团（治园）

博士生公寓组团紧邻天津大学新校区南大门，东邻水土建教学组团，与北洋音乐厅隔一道景观水系，校际联络线从中穿越，位置十分重要。其建筑规划为4个组团，组团间以道路分成街区。每个组团都采用内庭院、坡屋顶的传统建筑形式布局。4个居住空间彼此开放又相对独立，总图排布富有层次，由不同庭院、建筑连廊有机组成（图5-67）。

其功能布置最大限度地兼顾多种公共交往场所，以方便学生交流。例如，每一公寓组团底层平面均设有公共大厅、休息室、商铺等。同时，每层都设有学生活动室、洗衣房、眺望厅等，方便学生进行社交活动。

图5-64　正园

图5-65　修园

图5-66　平园

图5-67　治园

宿舍按不同班级划分成若干个居住单元，每12~15户学生公寓组成一个居住单元，每一单元通过连廊或过厅等公共区域彼此相互联系，既保证了单元的私密、统一，又方便了各个单元的联系，也利于校方实行班级管理[11]。

立面统一采用坡屋面简约三段式设计，深灰色坡屋面、砖红色面砖、浅乳白色外墙涂料、玛瑙灰的铝合金门窗与空调格栅，形成质朴、厚实的独特立面风格。

（8）第三学生食堂

第三学生食堂（棠园）位于图书馆西北侧地块，北侧为校园景观河流，南侧为开敞绿地，景观条件极佳（图5-68）。主入口面向西侧校园道路，方便师生就餐，东北部设有后勤庭院，后勤出入口位于庭院内，不影响交通和景观，东南侧则设有次入口，面向图书馆来的人流。

考虑到该食堂要有较长的售卖窗口，建筑分为南北两个区，北侧为后厨部分，南侧朝向较好，作为学生就餐区，餐厅光线充足，能欣赏到南向大面积的绿化景观。两区中间为售卖窗口和排队等候区。

食堂为一简洁的长方体，与图书馆相呼应，并突出图书馆的主体地位。东南两个较长的立面采用凹凸有致的竖向砖垛，通过疏密的变化形成韵律，既体现校园建筑的厚重感，又能通过新的立面语言体现出现代感。东西立面较短，多为楼梯、卫生间等附属用房，设计采用了水平高带窗，以更好地呼应内部房间的使用功能[11]。

（9）第五学生食堂

第五学生食堂（桃园）用地南侧为景观水系，北侧为图书馆出入口广场，西侧朝向北洋音乐厅，所以设计方案将食堂餐厅布置于用地西侧，三面景观环绕，最大限度地利用了用地周边的景观资源（图5-69）。客流主入口设于用地西北侧，紧邻有大量人流的西侧道路及广场。客流次入口设于南侧沿景观水系一侧，方便少量散步人流就近进入。

建筑延续了新校区其他已确定方案项目的设计风格，主要饰面材料采用砖红色面砖，洞口开窗和体量构成简洁且舒展。由于项目紧邻第一公共教学楼与图书馆，设计方案参考了二者已确定的立面设计，开窗方面采用了与二者尺度相似的横线条的开口方式，以与周边建筑协调和呼应[11]。

图5-68　第三学生食堂（棠园）

图5-69　第五学生食堂（桃园）

参考文献

[1] 全德生. 天津大学—北洋大学校园规划建设过程研究（1895—2015）[D]. 天津：天津大学, 2016.

[2] 李厉. 新校区建设背景下高校多校区管理模式研究——以天津大学为例[D]. 天津：天津大学，2017.

[3] 天津大学新校区规划建设管理办公室. 天津大学关于建设津南新校区的可行性研究报告[R].（2011-08）.

[4] 刘东志, 程万海, 高峰, 等. 绿色校园建设之道: 天津大学北洋园校区绿色设计及建设纪实[M]. 天津: 天津大学出版社, 2016.

[5] 任祖华. 天津大学新校区主楼[J]. 建筑实践, 2019(5): 24-29.

[6] 周恺, 吕俊杰. “以学生为本”的新型图书馆——天津大学新校区图书馆[J]. 建筑学报, 2016, 577(10): 50-51.

[7] 李兴钢. 天津大学新校区综合体育馆,天津,中国[J]. 世界建筑, 323(5): 118-119.

[8] 李兴钢. 作为“介质”的结构——天津大学新校区综合体育馆设计[J]. 建筑学报, 2016(12): 62-65.

[9] 陈超. 塑造交往空间——天津大学新校区水土建教学组团设计[J]. 建筑知识（学术刊）2013 (3): 16,19.

[10] 王兴田, 苏双容. 学、研、乐、住的“成长小镇”天津大学北洋园校区建工学院与环境学院设计[J]. 时代建筑,2017(4): 130-133.

[11]《圆梦新校区 启航新甲子: 天津大学北洋园新校区规划建设实录》编委会. 圆梦新校区 启航新甲子——天津大学北洋园校区规划建设实录[M]. 天津：天津大学出版社，2015.

[12] 宋睿琦, 顾志宏, 胡一可. 教育建筑中的“四合”设计策略——天津大学新校区机械工程学院[J]. 新建筑, 2019(4):56-59.

[13] 魏巍.国家示范性绿色校园建设策略研究——以天津大学北洋园校区为例[J]. 建设科技, 2017(12): 25-29.

图片来源

图5-1 刘东志，程万海，高峰，周海珠. 绿色校园建筑建设之道：天津大学北洋园校区绿色设计及建设纪实[M]. 天津大学出版社：天津，2016：6.

图5-2、图5-3、图5-4：杜天宁绘制

图5-5、图5-7、图5-8、图5-11、图5-13、图5-14、图5-16、图5-17、图5-19、图5-20、图5-21、图5-22、图5-24、图5-25、图5-27、图5-30、图5-31、图5-33、图5-35、图5-36、图5-37、图5-38、图5-39、图5-41、图5-42、图5-43、图5-44、图5-45、图5-47、图5-48、图5-49、图5-50、图5-52、图5-54、图5-55、图5-56、图5-57、图5-58、图5-59、图5-60、图5-61、图5-62、图5-63、图5-64、图5-65、图5-66、图5-67、图5-68、图5-69：韩轩拍摄

图5-6、图5-10、图5-15、图5-23、图5-26、图5-29、图5-32、图5-34、图5-40、图5-46：陈天拍摄

图5-9、图5-12、图5-18、图5-28：宋昆拍摄

图5-51：孔德博、韩轩拍摄

图5-53：王宇歌绘制

北洋园校区鸟瞰图

第六章　其他校区

第一节　天津大学滨海工业研究院

1. 总体概况

天津大学滨海工业研究院（以下简称“滨海院”）位于天津滨海新区的临港工业区内，是教育部、天津市滨海新区、天津大学共同建设的“政产学研”合作创新平台。滨海院作为天津大学“一体两翼三校区”发展布局中重要的人才培养和产学研基地，充分发挥天津大学滨海新区窗口作用，在高端人才培养、产业技术创新、科技成果转化、高新企业孵化等方面发挥重要作用，为学校事业发展、滨海新区开发开放及天津市经济社会发展做出积极贡献。滨海院建有国家重大专项分中心1个、国家工程中心2个、教育部重点实验室3个、天津市工程中心1个、天津市重点实验室1个、知识产权流转储备中心1个。

2. 规划建设

2008年6月3日，天津大学与临港工业区管委会签订《关于天津大学在临港工业区建设滨海（临港）工业研究院合同书》。2008年7月，学校成立“滨海工业研究院建设领导小组”，组建建设指挥部，由基建处、科技处、房产处、建筑设计院、发展战略研究中心、财务处、审计处、纪检委、教代会、校办等部门主要负责同志组成。

2009年3月9日，教育部批复同意天津大学建设滨海工业研究院。5月5日，天津市塘沽区规划局颁发天津大学滨海工业研究院《建设项目选址意见书》。9月10日，天津大学与滨海新区管理委员会、临港工业区管理委员会签署《共建天津大学滨海工业研究院协议书》。滨海新区确认支持滨海工业研究院1.5亿元建设经费。

天津大学滨海工业研究院规划占地30.89万平方米，规划建筑面积35.15万平方米，容积率1.14，建筑密度31%，绿地率36%（图6-1）。

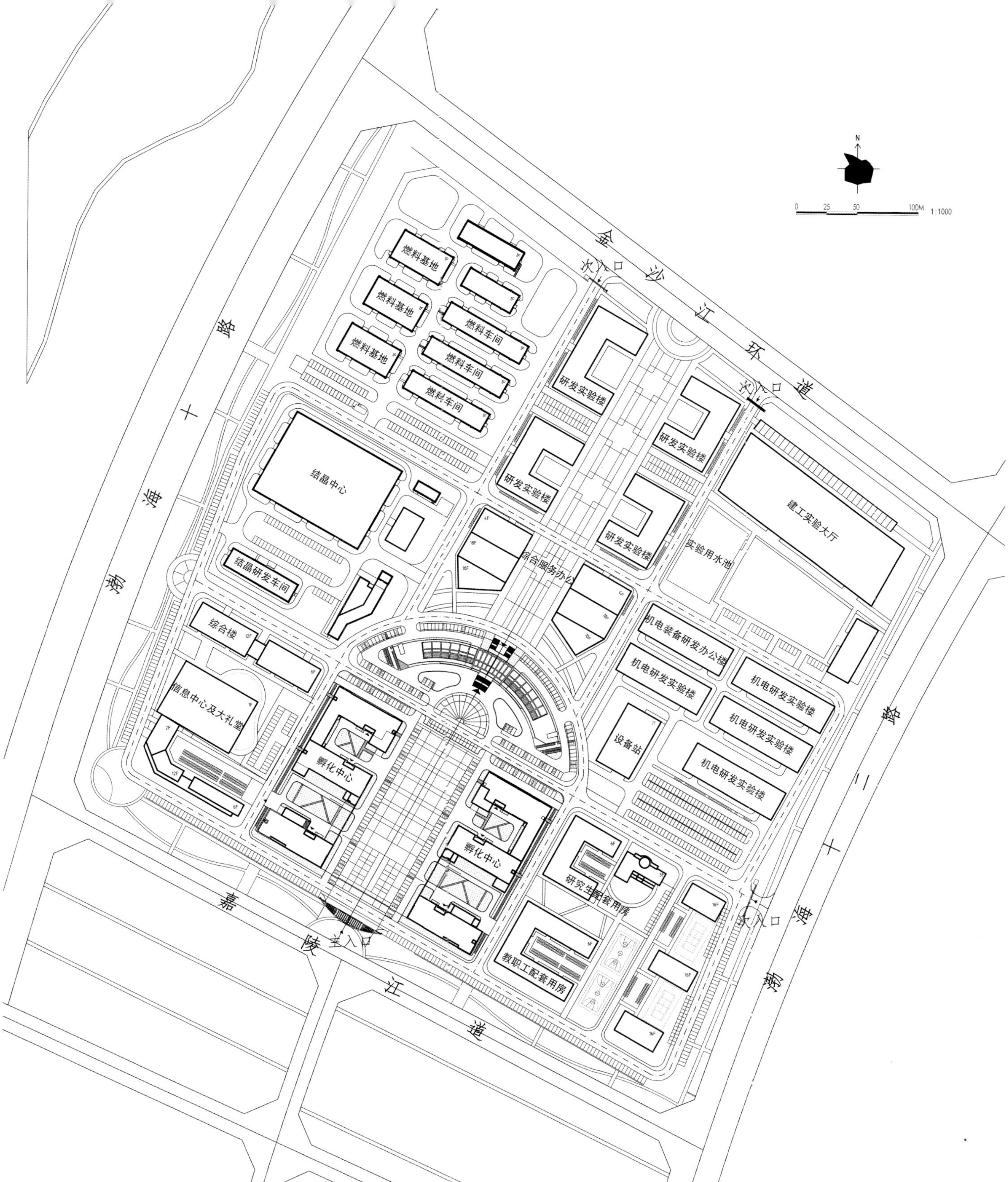

图6-1　滨海工业研究院总平面图

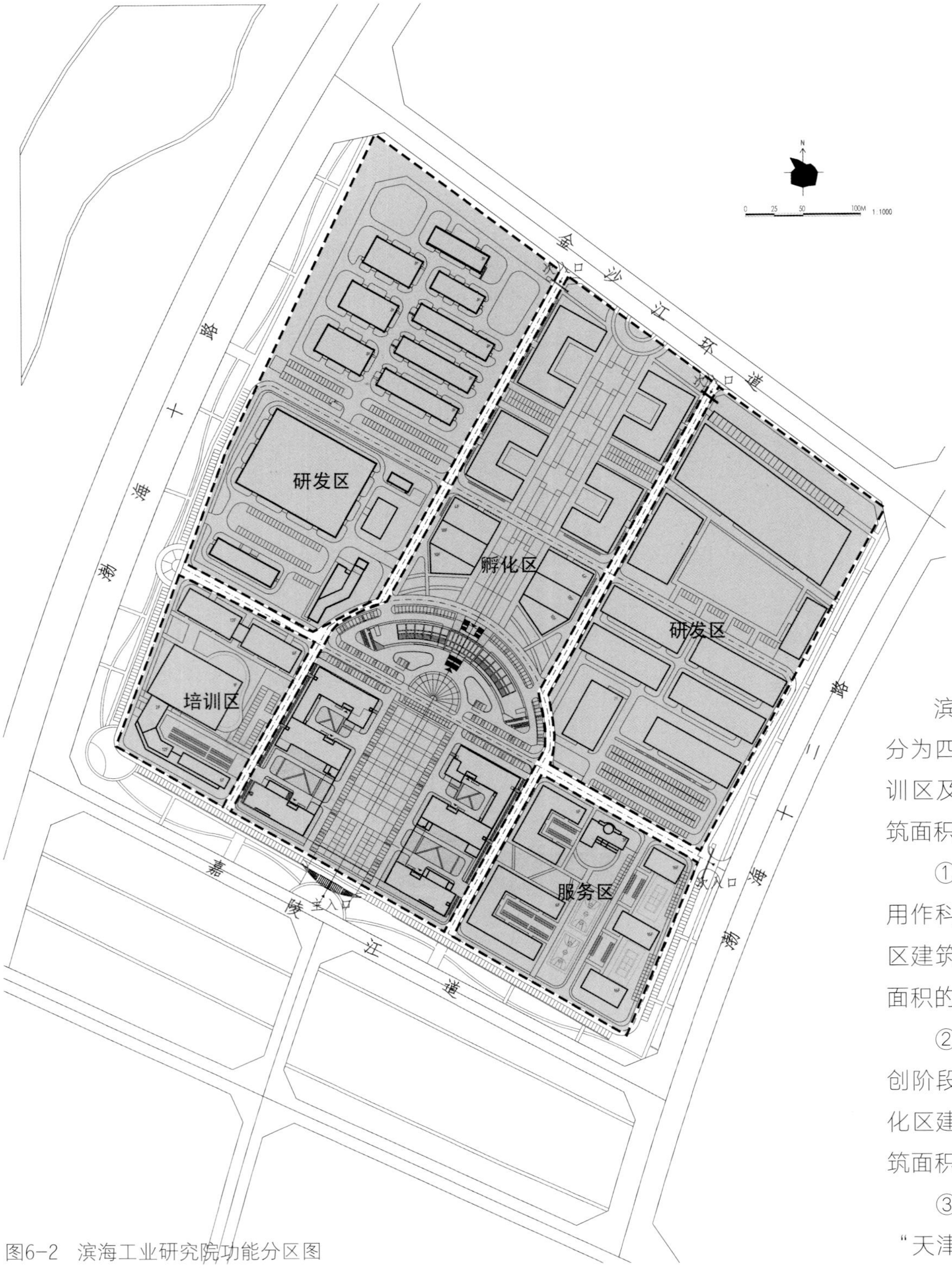

图6-2 滨海工业研究院功能分区图

滨海工业研究院建筑按用途不同划分为四个功能区：研发区、孵化区、培训区及服务区（图6-2）。各功能区建筑面积分配如下。

①研发区：主要建设通用研究室，用作科技成果转化、育成中心等。研发区建筑面积约8.09万平方米，占总建筑面积的23%。

②孵化区：主要用作高科技企业初创阶段的科研、试制和成果孵化等。孵化区建筑面积约17.3万平方米，占总建筑面积的49.2%。

③培训区：滨海工业研究院将创办“天津大学滨海管理创新研究院”，承

担滨海新区高级管理人才培训工作。培训区建筑面积约3.99万平方米，占总建筑面积的11.4%。

④服务区。满足教职工和研究生的基本生活需求，包括宿舍、食堂、商超等。服务区建筑面积约5.77万平方米，占总建筑面积的16.4%。

校园建设工程分为两期，一期工程建设内容包括3、4、5号楼，共5.56万平方米。其中3号楼为综合办公服务楼，4号楼为孵化中心楼，5号楼为孵化中心和研究生院楼。3、4、5号楼同时于2010年6月份开工建设，2012年4月份正式投入使用（图6-3~图6-5）。

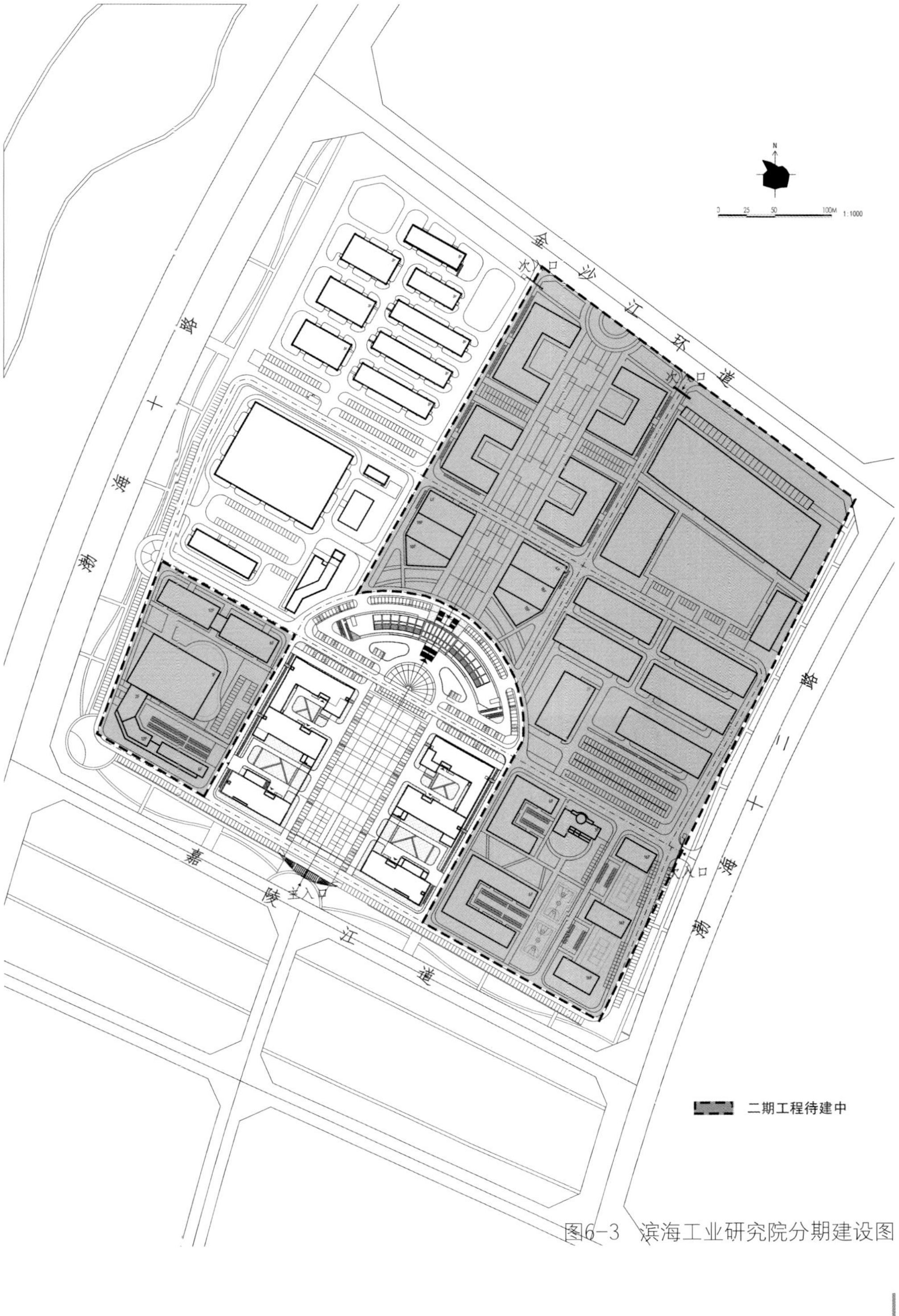

图6-3　滨海工业研究院分期建设图

3号楼建筑面积12742平方米，主要用于滨海院教授团队工作室、行政办公、滨海院公司办公、众创空间、入驻公司办公、展厅等；4号楼建筑面积21448平方米，主要用于科研中心、科研团队孵化等；5号楼建筑面积21448平方米，主要用于研究生院、航天航空研究院、科研中心孵化，以及学生食堂、健身房、阅览室等。

二期工程于2011年开工建设，包括燃料中心、精馏工程中心、建工中心和动力中心。燃料中心于2012年9月份正式投入使用，整体为钢框架结构，8座建筑的面积共计8512平方米，主要用于燃料研制中心中试；精馏工程中心于2013年6月份正式投入使用，包含一栋主体高4层的科研楼、一栋钢框架机构的中试生产车间，建筑面积共计14457平方米，主要用于精馏工程中心中试。

图6-4　滨海工业研究院入口大门和孵化中心

图6-5　滨海工业研究院主楼

第二节　异地校区

1. 天津大学佐治亚理工深圳学院

天津大学佐治亚理工深圳学院由深圳市政府与天津大学、佐治亚理工学院共同建立，学院设立通信、自动控制、微电子、光电、软件等学科，建设本科、硕士、博士完整的人才培养体系。

学院落户在深圳市南山区桃源街道，规划用地约16.2万平方米。预计办学总规模将达到3000人。南山区与佐治亚理工学院合作的基础已经具备，位于桃源街道白石岭的永久校区的土地已经整备完毕。

在学院建成之前，过渡校区设在大学城附近的集悦城。2019年4月26日，过渡校区正式投入使用（图6-6）。

2. 天津大学福州国际校区

（1）总体概况

天津大学福州国际校区为天津大学与新加坡国立大学、福州市人民政府、福建省教育厅在福州创设的分校区，将采用“1+N”模式，建设高水平国际学院，打造高水平、开放式、国际化的一流机构和平台。

天津大学福州国际校区选址在福建省福州市滨海新城，办学定位为天津大学下属的非独立法人资格的二级单位，陆续引进境外优质高等教育资源，设立若干中外合作办学机构（或项目）以及高水平科研和成果转化机构。坚持“高标准规划、高起点建设”，对标世界一流大学制定教学培养方案和学科建设规划，服务区域经济社会发展，培养一流人才，贡献一流学术。

图6-6　天津大学佐治亚理工深圳学院过渡校区

（2）规划建设

天津大学福州国际校区占地面积约133万平方米，建筑面积60余万平方米，包括天津大学—新加坡国立大学福州联合学院及行政办公楼、教学楼、实验楼、图书馆、学生宿舍及食堂等其他配套设施（图6-7~图6-10）。2019年8月31日，天津大学福州国际校区一期工程正式动工，计划于2022年建成投入使用。

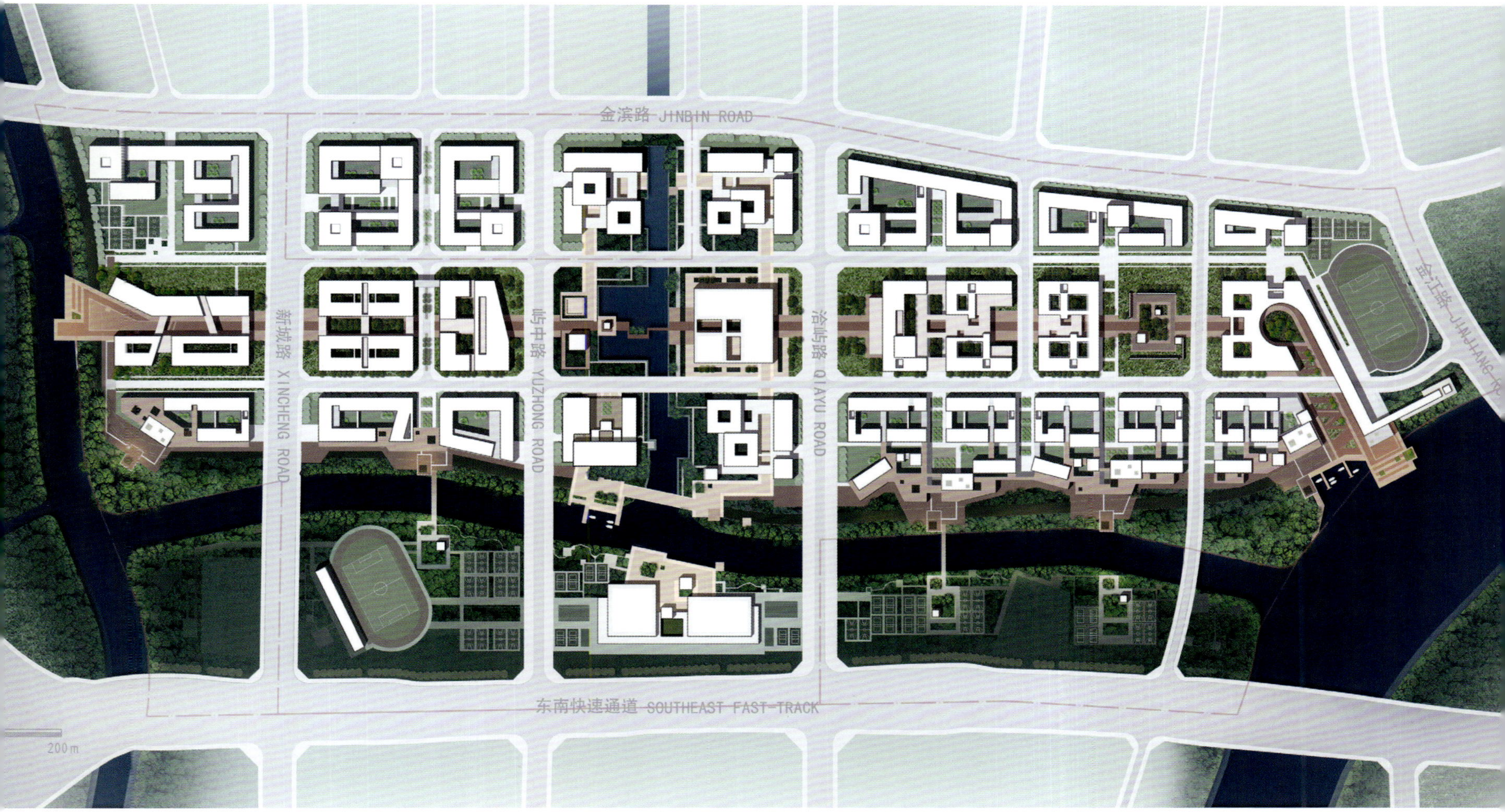

图6-7　天津大学福州国际校区规划图

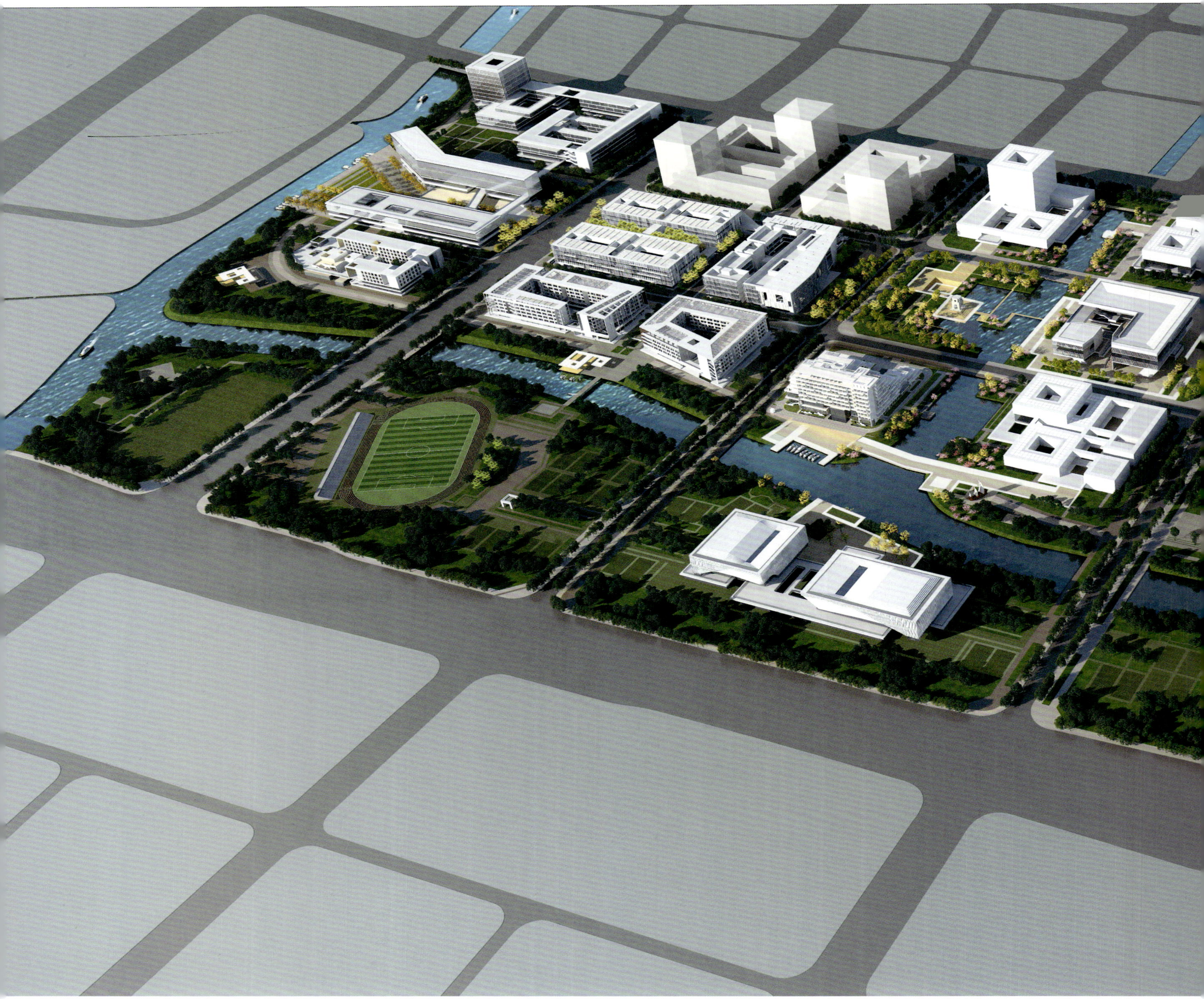

图6-8 天津大学福州国际校区鸟瞰图

图6–9 天津大学福州国际校区三期工程效果图

图6-10 天津大学福州国际校区一期工程效果图

第三节 异地研究院

1. 天津大学（武清）前沿技术研究院

天津大学（武清）前沿技术研究院（以下简称“武清院”）位于天津市武清区。武清院主体建筑占地1.1万平方米，建筑面积2.7万平方米，为12层框架结构（图6-11、图6-12）。武清院2012年12月15日正式揭牌，2013年底正式运行，是天津大学与武清区人民政府合作共建的集前沿技术研发、产业促进、技术服务、人才培养于一体的协同创新平台和“政产学研用”合作共建基地。

图6-11 天津大学（武清）前沿技术研究院（一）

图6-12　天津大学（武清）前沿技术研究院（二）

2. 天津大学山东研究院

天津大学山东研究院（淄博高新区精细化工和高分子材料研究院，以下简称“淄博院”）位于淄博市高新区，成立于2010年，是天津大学与淄博市合作建设的集科技服务、成果转化、产业培育、人才培养、企业孵化为一体的“政产学研金服用”新型研发机构（图6-13）。淄博院主要功能定位为高校及科研机构技术成果在地方的转化、工程化研究、技术服务和地方实用人才培养等，是天津大学立足淄博乃至山东省支柱产业情况，结合自身优势学科建设的异地研究平台。淄博市投资了近亿元建设了7000平方米的研究与公共检测平台和30000平方米的技术中试基地。

淄博院依托淄博经济与产业发展优势，汇集双方科技创新资源，先后在淄博建成了3个淄博市工程技术研究中心以及淄博市高难污水处理产业技术创新战略联盟、天津大学研究生院淄博学院、天津大学技术转移中心淄博中心、天津大学山东研究院众创空间（国家级）、天津大学山东研究院成果转化基地、国家精馏中心淄博中心、全国信息技术应用培训教育工程基地等。

淄博院公共技术服务平台室内建筑面积2660平方米，投资5000万元。平台主要包括2个分析测试中心、2个公共实验室（固/液分离实验室、液/液分离实验室），可为企业、高校和科研机构提供分析测试、物性数据分析、技术咨询、研发设计、小试工艺实验等多方面的专业技术服务和支持。

淄博院中试基地建于高新区四宝山南坡宝山东路13号。占地面积约32472平方米，以整体租赁形式进行规划建设，其中已开发面积15525平方米，未开发面积16947平方米。

3. 天津大学青岛海洋工程研究院

天津大学青岛海洋工程研究院（以下简称“青岛院”）是天津大学与青岛市共建的海洋科研创新机构，建筑面积3.2万平方米（图6-14）。研究院主要以海洋工程为主攻方向，从事海洋信息、海上探测监测等多个方向的尖端科研和技术转化工作。

2013年，天津大学与青岛市开启市校强强联合，计划成立天津大学青岛海洋工程研究院。2014年1月，天津大学（青岛）海洋工程研究院有限公司注册成立，正式落户青岛市即墨区青岛蓝色硅谷核心区。2015年，青岛院成立天津大学青岛海洋技术研究院。2015年7月正式启动搬迁入驻。研究院大楼占地约1.3万平方米，建筑面积约3.2万平方米。2015年8月，天津大学与青岛海洋科学与技术国家实验室签订联合实验室共建协议，正式启动海洋观测与探测联合实验室建设，2016年11月搬迁入驻，实验室面积约为4000平方米。

除此之外，研究院另有两处宿舍楼，面积总计约为3600平方米。青岛院科研及配套用房共计3.96万平方米。

图6-13　天津大学山东研究院

图6-14　天津大学青岛海洋工程研究院

4. 天津大学合肥创新发展研究院

天津大学合肥创新发展研究院（以下简称“合肥院”）是天津大学、合肥市政府在中德协同创新平台上共建的创新发展研究院，定位于服务合肥综合性国家科学中心建设，推动科技研发、成果转化和产业化项目建设、人才培养及国际交流合作。

2018年2月3日，天津大学与合肥市政府签订战略合作仪式，合作共建合肥创新发展研究院，合作期5年，合作期经费2.7亿元。合肥院正式场地位于合肥市经济技术开发区锦绣大道与清潭路交口，项目于2018年9月开工，总建筑面积为7.5万平方米，分为8号、9号、10号楼（图6-15）。8号楼为12层，23140.61平方米；9号楼为10层，19365.96平方米，为配套孵化用房；10号楼为17层，33020.71平方米，为中心实验、办公管理用房。

合肥院过渡场地位于合肥市经开区云谷路3188号海关大楼15、16层，建筑面积2000平方米，为中心科研、小型实验、行政办公用房。

5. 天津大学中原先进技术研究院

天津大学中原先进技术研究院（以下简称“开封院”）是天津大学与河南省开封市共同建设的产学研合作创新平台。

2016年2月，学校开始筹建开封院并与相关各方签订战略合作协议，成立“天开钢结构联合研发中心”，签订共建天津大学中原先进技术研究院协议以及举办天津大学科技成果发布会。2018年10月，研究院正式揭牌成立。2018年10月23日，天津大学中原先进技术研究院（开封）有限公司注册成立。开封院位于开封市龙亭区宋城路科创中心院内，建筑面积2102平方米（图6-16）。

图片来源

图6-1、图6-2、图6-3：韩轩绘制
图6-4、图6-5：宋昆拍摄
图6-6：高峰提供
图6-7、图6-8、图6-9、图6-10：天津大学建筑设计规划研究总院提供
图6-11、图6-12：韩轩拍摄
图6-13、图6-14、图6-15、图6-16：天津大学区域发展研究院提供

图6-15　天津大学合肥创新发展研究院效果图

图6-16　天津大学中原先进技术研究院所在园区

后记
Postscript

2014年，天津大学组织力量开展《天津大学志》的编写工作，经过一年多的努力，《天津大学志·综合卷》在天津大学（北洋大学）建校120周年之际出版。其中校园规划与建设部分章节由学校基建处和房管处负责组织编写，并委托建筑学院宋昆教授团队进行资料收集、整理和文字编纂工作。建筑学院的博士生孙艳晨、硕士生全德生承担了主要的资料收集和文献查阅工作。全德生在此基础上完成了硕士论文《天津大学—北洋大学校园规划建设过程研究（1895—2015）》的写作，为以后《天津大学志·校园建设卷》的编写打下了基础。

2019年，学校启动了“天津大学志专门卷”的编纂工作，在校志编辑委员会的统一领导下，由校宣传部和大学文化与校史研究所统筹所有校志专门卷和分卷的编写工作。宋昆及其建筑学院的师生团队和大学文化与校史研究所的王杰、张世轶老师负责《天津大学志·校园建设卷》的组织编写。在编写过程中得到了校宣传部的吕静、档案馆的韩宝志、出版社的宋雪峰、资产公司的杨波、基建处的高峰、区域院的杨明海、设计院的顾志宏等老师的大力支持和帮助。

因为建筑学院写作团队在前期编写《天津大学志·综合卷》时对校园建设方面的资料积累比较充分，原计划《天津大学志·校园建设卷》作为首部校志专门卷在建校125周年时付梓。但受到2020年新型冠状病毒肺炎疫情的影响，尤其是在疫情期间校园建筑的照片不能拍摄，使得出版计划不得不推延。2021年3月完成了《天津大学志·校园建设卷》征求意见稿，向广大师生普遍征求意见。并由王杰、张世轶、宋昆、孔德博向对天大校园建设和发展比较了解的领导和老师登门求教。李家俊、高文新、苏全忠、杭建民、李金圃、徐长安、韩嘉麟、庞学瑞等老师以及经管学部、科研院、资产公司、福州校区筹备办公室等部门都提供了宝贵的信息资料和修改意见。

由于前期收集的档案、绘制的图纸、拍摄的照片等资料比较丰富全面、异彩纷呈，编辑过程中较难割舍。因此，编者希望出版一部可读性、可视性都很强的普适性读物以飨读者。这就与志书的写作体例以及与其他分卷的编排方式产生了较大的差异。最终，编者与出版社商定，从已编写完成的《天津大学志•校园建设卷》中抽取出一部分图文并茂的内容，另外编辑一部相对独立的《天津大学校园建设图录》，权且作为《天津大学志•校园建设卷》的附卷出版。

负责本书各章节文字编写工作的人员如下。

绪论 近代中国高等教育的诞生：宋昆。

第一章 博文书院校区的校园与建筑（1895—1900）：宋昆、孙艳晨、张世轶。

第二章 西沽校区的校园与建筑（1902—1952）：宋昆、李响、孙艳晨、张世轶。

第三章 抗战西迁时期的校园与建筑（1937—1946）：孙艳晨、张世轶。

第四章 七里台校区的校园空间与建筑（1952年至今）：宋昆、肖亮、孙艳晨、孔德博。

第五章 北洋园校区的校园与建筑（2008年至今）：宋昆、王宇歌、杜天宁、肖亮、韩轩。

第六章 其他校区：宋昆、韩轩、肖亮、王春玲。

全书由宋昆统稿，王杰、张世轶审核。在此向对编写工作提出宝贵意见和建议、提供珍贵资料和照片的老师表示衷心感谢。

编者

2021年11月15日